铸造铝合金熔炼理论基础与工艺

黄良余 主编

上海交通大学出版社
SHANGHAI JIAO TONG UNIVERSITY PRESS

内容提要

铝合金熔炼是获得高性能铝合金材料、保证铸件和铝材质量的关键工艺过程,本书根据作者多年的教学和实践经验,总结了铝合金熔炼工艺基础理论,并通过一些典型实例的分析,介绍了铝合金熔炼过程中金属液和炉气及周围介质之间的相互作用,重点介绍了除气净化机理及工艺,探究了产生各种结晶组织和冶金缺陷形成的原因及相应的预防工艺措施。本书内容共6章,包括:铝及其合金与气体的相互作用,铸造过程中氢在铝及其合金中的迁移,铝液脱氢净化原理、工艺及脱氢净化效果检验,氢在固态铝中的分布,铸锭、型材中形成分层的规律,铝合金铸态组织控制。

本书可供从事金属材料科学与工程的人员,特别是从事铝合金熔炼、铸造、加工的工程技术人员、研究院所的师生学习参考。

图书在版编目(CIP)数据

铸造铝合金熔炼理论基础与工艺 / 黄良余主编. —
上海: 上海交通大学出版社,2023.6
ISBN 978 - 7 - 313 - 28296 - 5

Ⅰ. ①铸… Ⅱ. ①黄… Ⅲ. ①铝合金-熔炼②铝合金
-铸造 Ⅳ. ①TG292

中国国家版本馆 CIP 数据核字(2023)第 030224 号

铸造铝合金熔炼理论基础与工艺
ZHUZAO LUHEJIN RONGLIAN LILUN JICHU YU GONGYI

主　　编:	黄良余		
出版发行:	上海交通大学出版社	地　　址:	上海市番禹路 951 号
邮政编码:	200030	电　　话:	021 - 64071208
印　　制:	上海万卷印刷股份有限公司	经　　销:	全国新华书店
开　　本:	710 mm×1000 mm　1/16	印　　张:	13.5
字　　数:	240 千字		
版　　次:	2023 年 6 月第 1 版	印　　次:	2023 年 6 月第 1 次印刷
书　　号:	ISBN 978 - 7 - 313 - 28296 - 5		
定　　价:	68.00 元		

Preface | 序

铝合金熔炼是获得高性能铝合金材料、保证铸件和铝材质量的关键工艺过程,其理论基础包括冶金热力学、冶金动力学,既涉及熔炼过程的化学反应,又涉及除气、除渣、精炼、变质等环节,既需要掌握铝合金熔炼过程中的基础理论,又需要在实践中灵活应用和发展,因此,学习铝合金熔炼工艺及实践知识,对从事金属材料科学与工程,特别是从事铝合金熔炼、铸造、加工的工程技术人员,以及研究院所的师生,具有重要意义。

黄良余教授出生于 1929 年,1949 年解放前就加入中国共产党,1958 年至 1960 年被选拔进入莫斯科有色金属及黄金学院铸造教研室研究学习,1960 年回国到上海交通大学任教,创立了上海交通大学有色金属研究课题组,曾任铸造教研室主任,他长期从事有色合金的教学和科研工作,发表学术论文近百篇,是我的硕士生导师,共培养了 18 名研究生。他曾任高等学校铸造专业教学指导委员会委员,上海铸造协会顾问,沈阳铸造研究所客座研究员等。他主编了由上海交通大学组织的高等学校铸造专业本科教材《有色铸造合金及其熔炼》,1980 年由国防工业出版社出版,之后成为国内众多高校铸造专业的教材,为铸造专业的人才培养做出了贡献;他参编了 1996 年机械工业出版社出版的高等学校铸造专业本科教材《铸造合金及熔炼》,负责编写铸造有色合金部分内容。

本书是黄良余先生于 1980—1988 年在为上海交通大学铸造专业研究生主讲的学位课程"有色合金熔炼原理"的讲义的基础上,收集、整理了大量相关资料,并收录了一些典型实例加以分析介绍而成的。

希望本书的出版有助于传承黄良余先生在铝合金熔炼理论和实践方面的知识和经验,故特此作序。

丁文江

2022 年 6 月

Foreword | 前言

铝合金的熔炼、铸造过程是铝合金制品生产中的关键过程,是冶金过程中的重要组成部分。其理论基础包括冶金热力学、冶金动力学、金属凝固理论。热力学研究宏观体系的变化过程,包括化学反应的可能性、方向性,它只从过程的始末反应速度等机理问题着手展开探讨,而动力学则研究系统变化所经历的途径和反应速度等机理问题,与生产工艺的检控密切相关。

一方面,化学反应速度与外界条件(如温度、压力、浓度、催化剂等)有关,也与参加反应的物质原子、分子的性质有关,故可根据原子、分子的性质应用统计力学、量子力学来研究反应速度和机理,即化学动力学或微观动力学;另一方面,化学反应还与参与反应的物质的传质速度、传热速度以及反应器的形状、尺寸等因素有关。因此,在实际铝合金制品生产中,在微观动力学的基础上,结合金属液的流动形式(浇注),研究传热、传质(铸造工艺、浇注系统形式)对化学反应速度的影响,称为工业反应动力学或宏观动力学,它对于阐明反应机理,强化熔炼、成型过程,达到优质高产,具有重要的指导意义,是从事铝合金制品制造工艺的人员必备的基础知识。

本书主要内容以1980—1988年间上海交通大学铸造专业研究生学位课程"有色合金熔炼原理"的讲义等为基础,收集在我国改革开放期间国际重要铸造杂志中发表的、以俄罗斯学者为主兼顾西方学者发表的有关铝合金熔炼工艺基础理论的学术论文,通过一些典型实例的分析,了解铝合金熔炼过程中金属液和炉气及周围介质之间的相互作用,重点介绍除气净化机理及工艺,探究产生各种结晶组织、冶金缺陷产生的原因及相应的预防工艺和措施。

本书从酝酿、收集资料、撰写、几经增删、修改、润色到成书,历经多年寒暑,力求推陈出新。

在本书成书过程中得到王渠东教授认真通稿、张少宗先生的大力推动,特志之。

编 者

2022 年 6 月

Contents | 目录

第 1 章
铝及其合金与气体的相互作用

与大多数金属一样,铝及其合金与气体的相互作用由下列过程组成:物理吸附、气体扩散(渗透)入金属、气体在金属中溶解并生成化合物。除惰性气体外,铝及其合金在不同程度上与所有气体发生相互作用,本章只涉及铝与氧、氢、水蒸气和净化气体之间的作用。

文献中有关铝及其合金与气体间相互作用的数据是随技术进步"与日俱增"的。早期文献中"溶解"和"吸收"的概念是等同的,认为溶解(包括吸收)是气体渗入金属的能力,"溶解度"是指金属所吸收的气体总量,不论这些气体是存在于固溶体内,还是以分子态、化合物态存在于金属的空隙中;当气体在金属中的存在状态没有完全厘清前,只能这样来确定"溶解度"概念。

对"溶解度"定义不正确,会引起气体在金属中的"溶解度"偏离西韦特(Sieverts)定律,如在早期著作中,认为吸氢时放热的金属不服从该平方根定律;其实,正是平方根定律能够解释吸氢时伴随放热反应的金属和吸热反应的金属的不同行为;当氢在固溶体中的溶解度已达到极限时,金属中继续加入的氢并不能消耗在溶解上,而消耗在生成氢化物上,氢在金属中的含量虽然增加了,但系统中氢的压力不变。

不正确地使用"溶解度"这个术语,对于吸热性金属(如铝)会得出偏高的"溶解度",因为在溶解的氢之外还有空洞中或其他空隙中的氢,而且"溶解度"与气孔有关,气孔越多,好像"溶解度"越大。

因而"溶解度"只能理解为真正存在于固溶体内的那部分气体,除特定情况外,指的都是标准状态(1 atm,0℃)下的"溶解度",如不能肯定全部氢存在于固溶体内,则应该用"含量"或"浓度"表示被金属吸收的全部氢。

铝及其合金与大气中气体的相互作用,主要是在熔炼和浇注时发生的,铝及其合金将被气体与铝、合金元素之间反应的产物所污染,其中只有氢和铝的氧化物对铸件品质有决定性影响,自然成为学者的研究领域。

1.1 铝与氧的相互作用

1.1.1 Al₂O₃ 的存在形态、特性

铝和氧相互作用形成三种化合物：Al_2O、AlO 和 Al_2O_3，而 Al_2O、AlO 只能在高温真空中获得。铝和氧的亲和力很强，按下列反应生成 Al_2O_3：

$$2Al + \frac{3}{2}O_2 \rightarrow Al_2O_3 \tag{1.1.1}$$

生成热 $\Delta H = 400$ kcal/mol(1 cal = 4.2 J)。 根据实验数据，经计算，直至 727℃，Al_2O_3 的分解蒸气压仅为 4.57×10^{-46} atm(1 atm=1.013×10^5 Pa)。Al_2O_3 的分解蒸气压计算如下：

$$Al + \frac{3}{4}O_2 \rightarrow \frac{1}{2}Al_2O_3$$

$$\Delta F^0 = -194\,426 + 38.80T$$

$$\lg k_p = \frac{-\Delta F^0}{2.303RT} = -(-194\,426 + 38.80 \times 1\,000)/(4.575 \times 1\,000)$$
$$= 34$$

因为 $k_p = \dfrac{1}{p_{O_2}^{3/4}} = 10^{34}$，所以 $p_{O_2} = 10^{-34 \times 4/3} \approx 10^{-46}$ atm，故 Al_2O_3 很稳定。Al_2O_3 有很高的机械强度，$\sigma_b = 20$ MPa，熔点达 (2 015±15)℃。铝表面的天然 Al_2O_3 是透明、致密的，特别在低温下，由于氧化膜有一定厚度，氧几乎不能透过，因此对铝有良好的保护作用，它由少量结晶形态的 γ - Al_2O_3 和无定形 Al_2O_3 组成。把铝加热到 450~500℃，表面氧化膜结构基本不变；在 500℃ 以上长时间加热，会在 X 射线衍射图像上出现尖晶石型晶体结构的线条，无定形的 Al_2O_3 开始转变为 γ - Al_2O_3。γ - Al_2O_3 属于立方尖晶石型结构，晶格常数为 0.791 nm，几乎等于铝的面心立方晶格常数(0.404 nm)的 2 倍，因而像是铝晶体的自然延伸，极易黏附在铝的表面上。

在足够高的温度下，γ - Al_2O_3 继续转变为 α - Al_2O_3，转变温度至今尚无定论。А. Д. Радин 认为在 1 200℃ 以上时，完全转变为 α - Al_2O_3。Tiller 则认为，在 700℃ 经过 24 h 或 800℃ 经过 8 h 后，转变为 α - Al_2O_3，转变时，先形成 α - Al_2O_3 核，长大过程中，发生 γ - Al_2O_3 向 α - Al_2O_3 的转变，转变时氧化膜的致密性被破坏，使铝液失去保护。

α - Al_2O_3是最稳定的,在自然界以具有高硬度的刚玉矿形式存在,彩色的刚玉晶体是珍贵的宝石(红宝石、蓝宝石、绿宝石、黄玉),是温度最高时的晶型。其升高温度不再发生晶型转变,直至熔化。

Al_2O_3的吸湿性与事先的焙烧温度即它的晶型结构有关,如图 1.1.1 所示,γ - Al_2O_3可吸收的水蒸气达 22%,吸收水蒸气最少的是α - Al_2O_3,仅为 0.04%～1.03%。

一般认为,存在于铝液内部的Al_2O_3有三种不同结构:低温时的δ - Al_2O_3,900℃以上的α - Al_2O_3,中间类型γ - Al_2O_3。γ - Al_2O_3存在的范围很宽,从熔点到 1 100℃或以上,可与δ - Al_2O_3、α - Al_2O_3同时存在。如图 1.1.2 所示,显示了 700℃、850℃、1 100℃时铝液中Al_2O_3的晶型结构变化与静置时间的关系。700℃、850℃时,存在δ - Al_2O_3、γ - Al_2O_3;1 100℃时,存在α - Al_2O_3;随着静置时间的增加,在δ - Al_2O_3减少的同时,增加了γ - Al_2O_3,提高静置温度没有发现任何一种晶型的Al_2O_3有数量的突变(见图 1.1.3)。

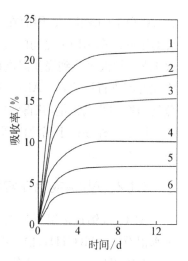

1—500℃,γ - Al_2O_3;2—600℃,γ - Al_2O_3;3—700℃,γ - Al_2O_3 + δ - Al_2O_3;4—800℃,δ - Al_2O_3 + x - Al_2O_3 + θ - Al_2O_3;5—900℃,θ - Al_2O_3 + α - Al_2O_3;6—1 000℃,α - Al_2O_3 + θ - Al_2O_3。

图 1.1.1　不同温度下焙烧后氧化铝的吸湿性

从 1 100℃以 300℃/min 的冷却速度急冷,α - Al_2O_3能保留下来,缓慢冷却时一部分α - Al_2O_3将转变为γ - Al_2O_3,随着冷却速度的进一步降低,转变为

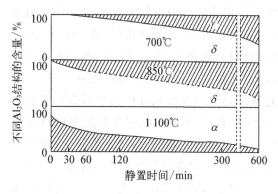

图 1.1.2　不同温度下静置时 Al_2O_3 不同结构的转化示意图

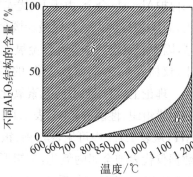

图 1.1.3　Al_2O_3 不同结构的转化与温度的关系 (以 4℃/min 的速度连续加热)

γ - Al_2O_3 的比例增大,因而在固态铝中只存在 γ - Al_2O_3 和 δ - Al_2O_3 两种形态。针对不同形态 Al_2O_3 之间的转变特点,开发了一种铝液的热速处理——液态淬火工艺:铝液过热到浇注温度以上,使 γ - Al_2O_3 转化为 α - Al_2O_3,然后急冷至浇注温度进行浇注,α - Al_2O_3 来不及转化为 γ - Al_2O_3,这样,可以减少因吸附水蒸气而增加的氢含量,获得致密零件。

以上三种存在于铝液内部的 Al_2O_3 统称为一次氧化渣,分布没有规律,总量达 $0.002\% \sim 0.02\%$。

1.1.2 Al_2O_3 或铝在常温下与大气中的水相互作用的产物

Al_2O_3 或铝在常温下与大气中的水相互作用会生成数种铝的氢氧化合物:三水铝石 γ - $Al(OH)_3$、白叶石 α - $Al(OH)_3$、波美石 γ - $AlO(OH)$ 和硬水铝矿 α - $AlO(OH)$。其中,三水铝石 γ - $Al(OH)_3$ 是最稳定的,只有它能在自然界中存在。铝及其合金长期裸露在潮湿大气中会在其表面形成一层铝锈,就是三水铝石 γ - $Al(OH)_3$,在以铝土矿的形态存在时,则是电解铝的原料。

1.1.3 铝合金中的合金元素对形成表面氧化膜组织、性能的影响

合金元素对形成表面氧化膜组织、性能的影响很大,根据实测数据,800℃时促使铝液氧化的强弱次序为 Fe→Mn→Cu→Zn→Ca→Na→Mg→Be。如在 Al - Mg 合金中,Mg 的质量含量达 $0.01\% \sim 0.02\%$ 时,氧化膜由尖晶石即 MgO 在 γ - Al_2O_3 中的固溶体 MgO·Al_2O_3 所组成,随着 Mg 含量的增加,将由 MgO·Al_2O_3 和 MgO 的混合物所组成,当 Mg 的质量含量达 1%,氧化膜全部由 MgO 组成,这种氧化膜组织疏松,对铝合金没有保护作用。生产中常用 Be 来保护 Al - Mg 合金,由于 Be 优先被氧化,形成的 BeO 不但使表 1.1.1 中的 β 值很大,而且电阻也很大,按照最新概念,生成氧化膜 Al_2O_3 的条件是 Al^{3+} 和 O^{2-} 的相遇,因而能阻止 Al - Mg 合金氧化膜的成长,如在含 1%(质量含量)Mg 的合金中,仅加入 0.07%(质量含量)的 Be,750℃静置 4 h,氧化程度降低到 1/750。

理论上,可按照不同元素氧化过程的热力学参数来分析其对形成铝液表面氧化膜组织、性能的影响,表 1.1.1 中列出了 750℃时一些氧化物的生成自由能 ΔH,从表 1.1.1 中可见,镁、钙、铍与氧的亲和力比铝的大,故先被氧化;表中的数据仅代表纯金属的氧化,和铝形成合金液时,应考虑合金元素的活度。表中的 β 为比林-比特瓦尔兹系数,$\beta = V_{M_xO_y} / (x V_M)$,其中,$V_{M_xO_y}$ 为 1 mol 氧化物的体积,$x V_M$ 为 1 mol 金属的体积。一般情况下,$\beta > 1$ 时,氧化膜是致密的,对金属能起保护作用;$\beta < 1$ 时,氧化膜是疏松的,金属将继续被氧化。

表 1.1.1　铝合金中一些氧化物的特性参数

元素	离子	离子半径/nm	氧化物	M_xO_y 的 ΔH/(cal/mol)	β	1 000℃时 M_xO_y 的线电阻/(Ω/cm)
Cu	Cu^+	0.096	Cu_2O	45 600	1.64	0.1
Fe	Fe^{2+}	0.075	FeO	94 200	1.7	—
Zn	Zn^{2+}	0.074	ZnO	126 200	1.55	—
Mn	Mn^{2+}	0.080	MnO	128 800	1.79	—
Si	Si^{4+}	0.044	SiO_2	144 800	1.88	10^6
Na	Na^+	0.095	Na_2O	135 000	0.55	—
Al	Al^{3+}	0.050	$\alpha - Al_2O_3$	216 800	1.28	10^7
Be	Be^{2+}	0.031	BeO	238 000	1.68	10^9
Mg	Mg^{2+}	0.065	MgO	240 800	0.81	10^5
Ca	Ca^{2+}	0.099	CaO	255 400	0.64	10^7

　　生产铝合金时,$\gamma - Al_2O_3$ 的密度 $\rho = 3 \sim 3.5$ g/cm³,$V_{M_xO_y} = (26.97 \times 2 + 16 \times 3)/3.5 = 29.13$;铝液的密度约为 2.7 g/cm³,$xV_M = 26.97 \times 2/2.7 = 19.98$,则 $\beta = 29.13/19.98 = 1.46$,因此是致密的。而 MnO 的密度约为 3.65 g/cm³,$V_{M_xO_y} = (24.32 + 16)/3.65 = 11.05$,$xV_M = 24.32/1.6 = 15.2$,$\beta = 11.05/15.2 = 0.73$,因而 MnO 很疏松,对铝液没有保护作用。

　　通过对铝及其合金的氧化动力学研究,可知当 350～450℃时,其服从抛物线规律,过程的激化能为 22 800 cal/mol;500～550℃时,Al_2O_3 的质量增加与时间呈直线关系。

1.2　铝与氢的相互作用

1.2.1　氢对铝铸件性能的危害

　　铝中存在的气体,氢气占 85% 以上,存在于铝铸件的气孔、气缩孔中,会减少有效面积,引起应力集中,降低铸件使用寿命,降低零件的气密性,引起渗漏;

当气孔暴露在零件表面时,使表面粗糙,不易进行阳极化处理。

氢在铝铸件(铸锭)中以过饱和固溶体存在时,进行热处理会产生二次气孔,使铸件表面起泡;在长期使用过程中,过饱和的氢陆续析出,形成气穴,成为疲劳裂纹源,降低疲劳强度和断裂韧性。

1.2.2 氢在铝铸件表面的吸附及铝的氢化物

铝在较低温度就开始与氢发生作用。有升华能力的铝膜在$-183 \sim 200℃$之间,在1 cm^2表面上能吸附$4.5 \times 10^{-2} \text{ mm}^3$单原子层形式的氢,不过其吸附活化能比钛、锆、钙、钡等的要低得多。

原子态氢和铝蒸气在$-196℃$时就能生成$AlH_x (x \approx 1.02)$,直到$-78℃$时AlH_x都是稳定的,高于$-78℃$后开始分解,其活化能为14.4 kcal/mol。

铝和分子态氢不会形成AlH_x,曾用间接方法制造出AlH_3,有很强的还原性,但很不稳定,只能储存在液状石蜡中。

1.2.3 氢在铝中的溶解度

许多文献研究了氢在铝中的溶解度。除了特殊情况,氢的溶解度指的是标准状态(1 atm、$0℃$)下溶于金属固溶体中的氢含量,如果不能肯定全部氢存在于固溶体中,则用"氢含量"或"氢浓度"来表示被金属吸收的全部氢。

图1.2.1为不同作者提供的氢在铝液中的溶解度曲线,图1.2.2为不同作者提供的氢在固态铝中的溶解度曲线。

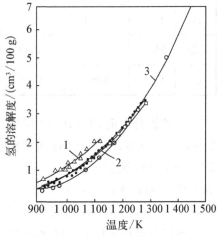

图1.2.1 不同作者提供的氢在铝液中的溶解度曲线

1)氢在铝中的溶解度方程

分析氢在金属中溶解过程的热力学,气相中的氢分子溶入金属时可用式(1.2.1)表示:

$$(H_2)_g \Leftrightarrow 2(H) \tag{1.2.1}$$

$$\mu_{H_2} = 2\mu_H \tag{1.2.2}$$

氢溶入金属后形成间隙式固溶体,化学位可用式(1.2.3)表示:

$$\mu_H = \mu_H^* + RT\ln\frac{X_H}{X_M\gamma - X_H} + 2Q\frac{X_H}{X_M\gamma} \tag{1.2.3}$$

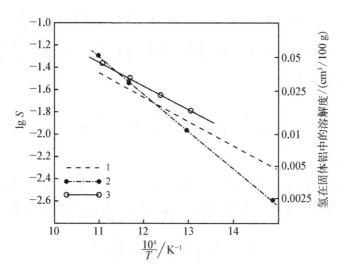

图 1.2.2 不同作者提供的氢在固态铝中的溶解度曲线

式中，X_M、X_H 分别为固溶体中金属、氢的摩尔浓度，$X_H = \dfrac{\gamma}{2+\gamma}$；$\mu_H^*$ 是氢在理想间隙式固溶体中的假定化学位；γ 为相对于 1 个溶剂原子的，由氢原子所占据的节点数量；R 为气体常数；T 为绝对温度，单位为 K；Q 为 1 mol 氢原子之间的相互作用能。

当压力为 p_{H_2} 时，氢分子在气相中的化学位由式（1.2.4）表示：

$$\mu_{H_2} = \mu_{H_2}^* + RT \ln f \tag{1.2.4}$$

式中，f 为氢分子的逸度，氢分子的压力不大时，$f = p_{H_2}$，并有

$$\mu_{H_2} = \mu_{H_2}^* + RT \ln p_{H_2} \tag{1.2.5}$$

将式（1.2.3）和式（1.2.5）代入式（1.2.2）中，得

$$\ln \frac{X_H}{X_M \gamma - X_H} = -\frac{2\mu_H - \mu_{H_2}}{2RT} + \frac{1}{2}\ln p_{H_2} - \frac{2Q X_H}{RT X_M \gamma} \tag{1.2.6}$$

由于 $2\mu_H^* - \mu_{H_2} = (2H_H^{p0} - H_H^0) - T(2S_H^0 - S_{H_2}^0) = \Delta H - T\Delta S$，则

$$\ln \frac{X_H}{X_M \gamma - X_H} = -\frac{\Delta H}{2RT} + \frac{\Delta S}{2R} + \frac{1}{2}\ln p_{H_2} - \frac{2Q}{RT}\frac{X_H}{X_M \gamma} \tag{1.2.7}$$

$$\frac{X_H}{X_M \gamma - X_H} = \sqrt{p_{H_2}} \exp\left(\frac{\Delta S}{2R}\right) \exp\left(-\frac{2Q}{RT}\frac{X_H}{X_M \gamma}\right) \exp\left(-\frac{\Delta H}{2RT}\right) \tag{1.2.8}$$

式中，ΔH 为氢溶入金属中焓的变化；ΔS 为氢溶入金属中熵的变化。

如果固溶体中氢原子之间的相互作用忽略不计，且 $\dfrac{2Q}{RT}\dfrac{X_H}{X_M\gamma} \to 0$，则式(1.2.8)可改写为

$$\frac{X_H}{X_M\gamma - X_H} = A\sqrt{p_{H_2}}\exp\left(-\frac{\Delta H}{2RT}\right) \tag{1.2.9}$$

式中，A 为常数。

由 $\gamma X_M - X_H = \gamma(1 - X_H) - X_H = \gamma - (1 + \gamma)X_H$，当 X_H很小时，$(1 + \gamma)X_H$ 与 γ 相比可忽略不计，即 $\gamma X_M - X_H = \gamma$，则式(1.2.9)可变为

$$X_H = K_0\sqrt{p_{H_2}}\exp\left(-\frac{\Delta H}{2RT}\right) \tag{1.2.10}$$

式中，$K_0 = \gamma A$，为常数。式(1.2.10)为 Brellus 公式，广泛用于处理实验数据。

令 $K_S = K_0\exp\left(-\dfrac{\Delta H}{2RT}\right)$，常用 $S(\text{cm}^3/100\ \text{g})$ 代表 X_H，则有

$$S = K_S\sqrt{p_{H_2}} \tag{1.2.11}$$

此即常用的西韦特(Sievert)定律。

当温度恒定时，所有双原子气体溶入金属中都服从西韦特定律，如不服从西韦特定律，说明金属与气体之间有化学反应，形成化合物。当 K_S 已知，即可换算得到 p_{H_2} 为 1 atm 时的溶解度。

从上述分析可知，西韦特定律是描述氢与金属之间相互作用的更为普遍的式(1.2.8)的特例。因此，西韦特定律的等温溶解度只有当氢在单相中的浓度很低时才是正确的，甚至氢在单相中的浓度不大时，溶解度的等温面也很复杂。

溶解度的工程实用公式是它的对数式，由式(1.2.10)得

$$\lg S = \lg[X_H] = -\frac{\Delta H}{2.303 \times 2RT} + \lg K_0 + \frac{1}{2}\lg p_{H_2} \tag{1.2.12}$$

令 $A = -\dfrac{\Delta H}{2.303 \times 2R}$，$B = \lg K_0$，则

$$\lg S = -\frac{A}{T} + B + \frac{1}{2}\lg p_{H_2} \tag{1.2.13}$$

即 Brellus 工程实用公式,当 $p_{H_2}=1$ atm 时,式(1.2.13)可简化为

$$\lg S=-\frac{A}{T}+B \qquad (1.2.14)$$

测得不同温度下氢的溶解度,采用线性回归,即可确定 A、B 的数值,知道了 A、B 的数值,即可求得 ΔH、K_0。 A、B 的数值与合金的成分有关,铸造手册中有常用合金牌号的 A、B 数值表。

2) 铝中氢的溶解度经验公式

国际上公认的铝中氢的溶解度经验公式是由 Ransley 和 Neufeid 于 1948 年发表的,是用超纯铝(质量分数为 99.998％)在真空条件下进行试验获得的结果。

(1) 氢在液态铝(660～850℃)中的溶解度经验公式为

$$\lg S=-\frac{2\,760}{T}+2.796+\frac{1}{2}\lg p_{H_2} \qquad (1.2.15)$$

式中,p_{H_2} 为氢分子的压力,单位为 atm;T 为绝对温度,单位为 K;S 为氢的溶解度,单位为 $cm^3/100$ g。当 p_{H_2} 的单位为 mmHg 时,式(1.2.15)变为

$$\lg S=-\frac{2\,760}{T}+1.356+\frac{1}{2}\lg p_{H_2} \qquad (1.2.16)$$

从式(1.2.15)、式(1.2.16)可知,氢在铝液中的溶解热为 25 259.8 cal/mol。

(2) 氢在固态铝中的溶解度经验公式。

当 p_{H_2} 的单位为 atm 时,有

$$\lg S=-\frac{2\,080}{T}+0.788+\frac{1}{2}\lg p_{H_2} \qquad (1.2.17)$$

当 p_{H_2} 的单位为 mmHg 时,有

$$\lg S=-\frac{2\,080}{T}+0.652+\frac{1}{2}\lg p_{H_2} \qquad (1.2.18)$$

从式(1.2.17)、式(1.2.18)可知,氢在固态铝中的溶解热为 19 036.4 cal/mol。按照式(1.2.15)、式(1.2.17)计算的等压曲线如图 1.2.3 所示。

3) 实用举例

(1) 根据式(1.2.15)计算氢在铝液中的溶解热 ΔH^1、K_0^1。

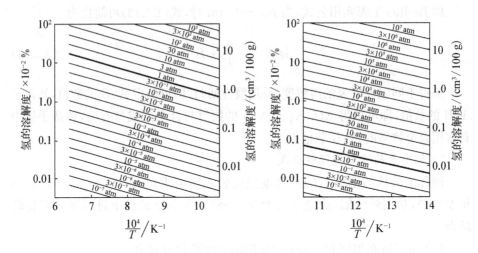

图 1.2.3 不同氢压力下氢在铝液中溶解度的等压曲线

解：
$$\Delta H^l = A(2.303 \times 2R) = 2\,760 \times 4.606 \times 1.987 \text{ cal/mol}$$
$$= 25\,259.9 \text{ cal/mol}$$
$$K_0^l = 10^B = 10^{2.796} = 625.17$$

或
$$K_0^l = \frac{S}{\sqrt{p_{H_2}} \exp\left(\dfrac{-\Delta H}{2RT}\right)} = \frac{0.69}{1 \times \exp\left(\dfrac{-25\,226}{2 \times 1.987 \times 933}\right)} = 621.75$$

（2）根据式（1.2.17）计算氢在固态铝中的溶解热 ΔH^s、K_0^s。

解：
$$\Delta H^s = A(2.303 \times 2R) = 2\,080 \times 4.606 \times 1.987 \text{ cal/mol}$$
$$= 19\,036.4 \text{ cal/mol},$$
$$K_0^s = 10^B = 10^{0.788} = 6.137\,6$$

（3）计算西韦特定律中的平衡常数 K_s。

解：设铝液的温度为 660℃，根据定义，由式（1.2.10）有

$$K_s = K_0^l \exp\left(\frac{-\Delta H}{2RT}\right) = 625.17 \times \exp\left(-\frac{25\,226}{2 \times 1.987 \times 933}\right) = 0.693\,8$$

4）国际公认的铝中氢的溶解度常用公式

1948 年 Ransley 和 Neufeid 发表了氢的压力为 1 atm 时氢在铝中的溶解度（见表 1.2.1），由于是直接实验测得，可信度较高，被广泛认可。定量计算氢在铝中的溶解度常用公式为式（1.2.15）和式（1.2.17），等压曲线如图 1.2.3 所

示；不同作者提供的氢在固态铝中的溶解度如图 1.2.2 所示。

表 1.2.1　氢压力为 1 atm 时,不同温度下氢在铝(99.998 5%)中的溶解度

温度/℃	0	300	400	500	600	660(固态)
溶解度/$(cm^3/100\,g)$	10^{-7}	10^{-3}	0.005	0.012 5	0.026	0.036
温度/℃	660(液态)	700	725	750	800	850
溶解度/$(cm^3/100\,g)$	0.69	0.92	1.07	1.23	1.67	2.15

5) 合金元素对氢在铝中溶解度的影响

500℃时,氢在含镁 0.058%、8.25%(质量分数)的铝合金中的溶解度分别为 0.015 cm³/100 g、0.06 cm³/100 g。溶解热则随镁含量的增加而降低,氢在纯铝中的溶解热为 19 000~28 000 cal/mol,Al 中含 5.25%(质量分数)Mg 时降至 4 600 cal/mol。在 660~700℃范围内,随镁含量的增加氢的溶解度呈线性单调上升;700℃时,氢在纯铝、含 4%(质量分数)Mg 的铝、含 6%(质量分数)Mg 的铝中的溶解度分别为 0.9 cm³/100 g、1.6 cm³/100 g、2.0 cm³/100 g。

700~1 000℃之间,含铜、硅都会降低氢在铝中溶解度,而且铜的影响比硅大。随着铜含量的增加,氢在铝中的溶解热也增加,如含 0%、4%、16%(质量分数)的铜时,溶解度分别为25 300 cal/mol、27 900 cal/mol、28 800 cal/mol;硅也促进了氢在铝中的溶解热的增加,含 2.0%、8%(质量分数)的硅时,溶解热分别为 25 600 cal/mol、27 900 cal/mol。

图 1.2.4 为不同温度时合金元素含量对氢在 Al‑Mg 系、Al‑Si 系合金液中溶解度的影响。

550℃时硅的质量分数为 0.46%、0.86%、1.25% 的铝合金中氢的溶解度分别为 0.011 cm³/100 g、

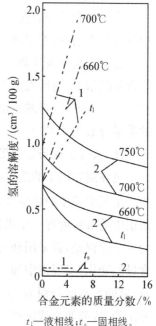

t_l—液相线;t_s—固相线。

图1.2.4　不同温度时合金元素含量对氢在 Al‑Mg 系(1)、Al‑Si 系(2)合金液中溶解度的影响

0.009 cm³/100 g、0.007 cm³/100 g。同时，一旦出现第二相，吸收的氢便急剧增加（见图 1.2.5），有人认为这是由于相界面上吸收氢的缘故。金属吸附气体量随温度上升而下降，Al＋42.4％Si 合金在 450℃、500℃、550℃ 的吸附量分别为 0.87％、0.34％、0.25％，在双相组织（α‑Al）‑Si 中金属和氢的相互作用是放热效应。

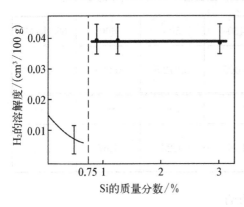

图 1.2.5　500℃时，硅对 Al‑Si 系合金吸氢的影响（氢的压力为 1 atm，退火 9 h）

镍超过 0.7％后，会使氢在铝中的溶解度降低。锰会导致氢在铝中的溶解度先降低，然后增加。在 700～1 000℃，锡也会使氢在铝中的溶解度降低。

钍和铈的质量分数低于 5％时，对氢在铝中的溶解度几乎没有影响；超过 5％后，会使氢在铝中的溶解度明显增大。

当铁的质量分数在 0.59％以下，钛的质量分数在 0.99％以下时，会使氢在铝中的溶解度增加，而当钛、铁含量继续增加时，氢在铝中的溶解度会降低。

铬的影响比较复杂，在 700～800℃、铬的质量分数为 0.3％～1.0％时，随着铬含量的增加，会增大氢在铝中的溶解度，铬含量超过 1.0％时，其溶解度下降；在 900～1 000℃、铬的质量分数低于 0.3％时，对氢在铝中的溶解度影响很小，铬的质量分数为 0.3％～0.5％时，氢在铝中的溶解度明显增大。

钛、锆等金属与氢会形成氢化物，使氢含量明显提高。

氢在固态铝中的溶解度很小，在 660℃时也不过 0.036 cm³/100 g，而广泛用来测定氢溶解度的真空萃取法的准确度为 0.03 cm³/100 g，因此用来测定氢在固态铝中的溶解度有一定难度。用收集封闭体积内氢气的方法会引起较大误差，为了消除误差，曾采用动态方法，用质谱仪连续地记录试样在真空退火过程中氢含量的变化，发现铝中加入锌会提高氢的溶解度，当锌的质量分数为 0、3％、4％时，氢的溶解度分别为 0.015 cm³/100 g、0.02 cm³/100 g、0.03 cm³/100 g。另一种方法是，按照西韦特定律，先在高压下吸氢，然后再换算到 1 atm，高压下溶解的氢很多，测定不会有困难。在 50～400 atm 范围内基本上遵守西韦特定律，但在更高的压力范围即在 600～650 atm 内，氢在纯铝中的溶解度可用式（1.2.19）表示：

$$\lg S = -\frac{1\,900}{T} + 0.78 + \frac{1}{2}\lg p_{H_2} \qquad (1.2.19)$$

式中，p_{H_2} 的单位为 atm。所得溶解热为 17 500 cal/mol，与文献的数据接近。
这一方法曾用来测定氢在一系列铝合金中的溶解度，其结果如图 1.2.6 所示（压
力单位为 atm）。从图 1.2.6 中可见，锰对氢的溶解度的影响不大，在低于熔点附
近，数据几乎与纯铝的一样，镁会明显提高氢的溶解度，但微量钛或锆能大大提
高氢的溶解度。氢在一些金属化合物中的溶解度列于表 1.2.2 中，氢在 Mg_2Al_3
中的溶解度如图 1.2.7 所示，其中最大的溶解度是在 Mg_2Al_3 中，氢在 660℃ 的固
态铝和液态铝中的溶解度分别为 1.45 cm³/100 g、5.9 cm³/100 g。

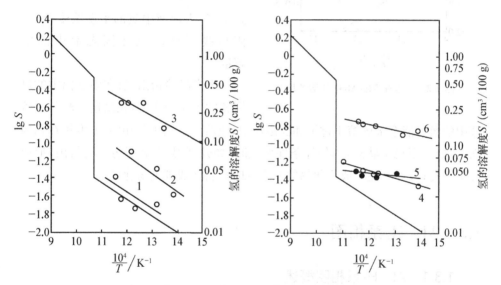

图 1.2.6　氢在 0.9%Mn(1)、4%Cu(2)、6%Mg(3)、0.3%Ti(4)、0.3%Zr(5)、
0.1%Li(6)中的溶解度（金属含量均为质量分数）

表 1.2.2　氢在一些金属间化合物中的溶解度

温度/℃	氢的溶解度/(cm³/100 g)			
	$ZrAl_3$	$TiAl_3$	$CuAl_2$	$MnAl_6$
600	1.0～1.2	1.4～1.6	—	0.25
500	1.0～1.2	1.4～1.6	0.2	0.22
400	—	—	0.14	—

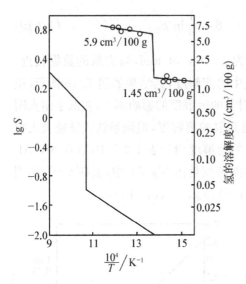

图 1.2.7 氢在 Mg_2Al_3 中的溶解度

研究铝及其合金与氢或水蒸气之间的相互作用之所以困难,不仅因为氢的溶解度很低,还因为在大气中测定时,试样表面、仪器中都有水蒸气存在,会引起较大误差。

在生产条件下,氢在铝及其合金中通常形成过饱和固溶体,其过饱和度由式(1.2.20)决定:

$$\eta = (C - S_s)/S_s \qquad (1.2.20)$$

式中,C 为铝液中氢的平衡浓度;S_s 为固相线温度时氢在固态铝中的溶解度。

生产经验指出,氢在固态铝中的过饱和度 η 是很大的,在高速冷却时铝熔液中的氢可能全部固溶于过饱和固溶体中,或溶于金属中间相中,或聚集在相界面上,处于不稳定状态,当外界条件变化时,如升高温度,将呈分子态析出,形成二次气孔;若加入能形成氢化物的元素,如锂,将形成锂的氢化物。

1.3 Al - H_2 系相图

1.3.1 Al - H_2 系相图概述

Al - H_2 系相图是根据热力学定律计算出来的,由于各家采用的经验数据不同,相图上各点的位置有所差异,公认的 Al - H_2 系相图如图 1.3.1 所示。

图 1.3.2 是金属-氢系的一组等压线,图 1.3.2(a)表示吸热型金属从固态转变为液态时,氢的溶解度升高;图 1.3.2(b)表示放热型金属从固态转变为液态时,氢的溶解度下降。图 1.3.2 中的线段 $A'E$ 和 $B'P$、$A'a$ 和 $B'b$ 可以分别看成是 $p - T - c$ 相图的液相线和固相线在 $T - c$ 平面上的投影。

1.3.2 气共晶与气包晶

假定金属在所有的温度范围和氢的浓度范围内,压力为 1 atm,在线段 a_0a、b_0b 的左边,其压力由氢、惰性气体和气态金属所组成,原则上不可能形成氢气

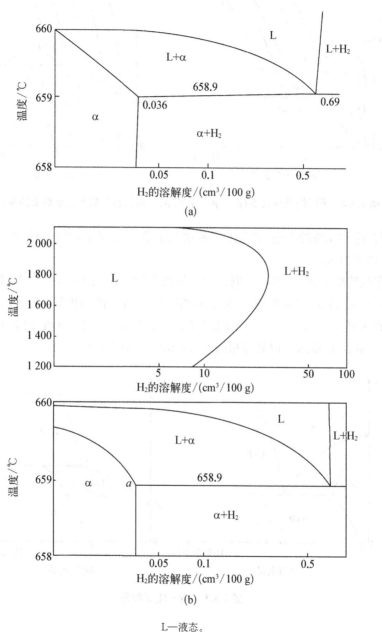

L—液态。

图 1.3.1　Al - H₂ 系相图

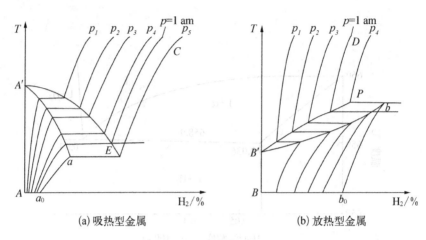

(a) 吸热型金属   (b) 放热型金属

图 1.3.2　不同的氢压力下($p_1 < p_2 < p_3 < p_4 < p_5$)金属-氢系氢溶解度的等压线

孔,而在这些线段的右边,合金的平衡组织由氢在金属中的固溶体 α - Al_H 和氢气孔(P)所组成。

在吸热型金属,如铝、镁、铜、锌等,从固态转变为液态时,氢的溶解度升高,产生 $L = \alpha$ - $Al_H + P$,形成气共晶,其相图和共晶型相图相似,如图 1.3.3(a)所示。放热型金属,如钛、锆等,从固态转变为液态时,氢的溶解度下降,产生 $L + P = \alpha$ - Al_H,其相图和包晶型相图相似,如图 1.3.3(b)所示。

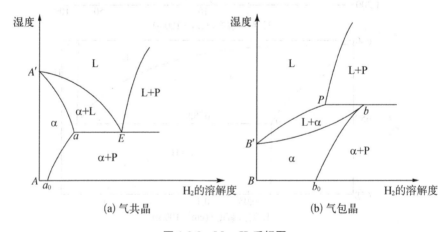

(a) 气共晶   (b) 气包晶

图 1.3.3　Me - H_2 系相图

1.3.3　气固溶体

气固溶体 α - Al_H 和合金固溶体 α - Al_x 在不平衡结晶时的区别:

（1）气体过饱和固溶在基体金属内，形成间隙式固溶体而不产生气孔；

（2）合金元素过饱和固溶在基体金属内，元素将富集在树枝晶轴内，形成枝晶偏析。

由于系统中平衡相之一是气相，当外压为 1 atm 时，比铝熔池内任一深度的金属液柱的压力大得多。因此，同一个相图可以描述氢在整个铝熔池内的行为。但当外压较低，与金属液柱的压力相近时，不同的液体层处于不同的压力下，为了描述氢的行为，必须应用 Al - H$_2$ 系相图的不同等压面，即当改变外压时，Al - H$_2$ 系相图中线条的位置，液态或固态极限溶解度相对应点的位置会发生移动，当外压增大时，溶解度增大右移，气共晶点向右向下移动，气包晶点则向右向上移动。

1.3.4 Al - H$_2$ 系相图的计算

1）Al - H$_2$ 系相图的计算方法

在某些情况下，如已知氢在液态、固态金属中的溶解度方程式（即已知 ΔQ_h^l、ΔQ_h^s、K_0^l、K_{0s}^s），溶解氢时吸热系统相图的液相线、固相线可用分析方法计算出来。

根据热力学，处于平衡状态的液相、固相中的氢浓度（摩尔浓度）x_h^l、x_h^s 可用以下方程式表示：

$$\ln \frac{x_h^s}{x_h^l} = \frac{\Delta Q_h^l - \Delta Q_h^s}{2RT} + \ln \frac{K_0^s}{K_0^l} \tag{1.3.1}$$

$$\ln \frac{1 - x_h^s}{1 - x_h^l} = \frac{\Delta H_{Me}}{R} \left(\frac{1}{T} - \frac{1}{T_K} \right) \tag{1.3.2}$$

式中，ΔQ_h^l、ΔQ_h^s 为氢溶入液、固态铝中的溶解热，单位为 cal/mol；ΔH_{Me} 为金属的熔化潜热，单位为 cal/mol；T_K 为金属的熔点，单位为 K。

从式（1.3.1）、式（1.3.2）可求得 x_h^l、x_h^s，代入不同温度，即可作出（L＋α - Al）呈平衡的液相线、固相线。

另一侧的液相线，即 L′＝L＋H$_2$ 由如下方程式表示：

$$S = K_0^l \sqrt{p - p_{VAP}} \exp \frac{-\Delta Q_h^l}{2RT} \tag{1.3.3}$$

式中，p 为大气压，单位为 atm；p_{VAP} 为 T 时的金属蒸气压。

2）计算示例

（1）计算氢溶入铝液后，气共晶点的温度 T_e。已知氢在液、固态铝中的平衡溶解度为 0.69 cm^3/100 g、0.036 cm^3/100 g。

解：1 cm³ 氢的质量为 8.987×10^{-5} g，100 g 固态铝中氢的含量 $c_H^s =$ $0.036 \times 8.987 \times 10^{-5}$ g/100 g $= 3.235 \times 10^{-6}$ g/100 g，则含 c_H^s 氢的 100 g 固态铝中氢的摩尔浓度为 x_h^s：

$$x_h^s = c_H^s \times 26.97 \text{ g/mol} = 8.725 \times 10^{-5} \text{ g/100 mol Al}$$
$$= 8.725 \times 10^{-7} \text{ g/mol Al}$$

同理，

$c_H^l = 0.69 \times 8.987 \times 10^{-5} = 6.201 \times 10^{-5}$ g/100 g，含 c_H^l 氢的 100 g 液态铝中氢的摩尔浓度为 x_H^l：

$$x_H^l = c_H^l \times 26.97 \text{ g/mol} = 1.672 \times 10^{-3} \text{ g/100 mol Al}$$
$$= 1.672 \times 10^{-5} \text{ g/mol Al}$$

已知铝的熔化潜热为 93 cal/mol Al，则有

$\Delta H_{Me}^{s \rightarrow l} = 93 \text{ cal/g} \times 26.97 \text{ g/mol} = 2\,508.21 \text{ cal/mol}$，$T_K = 660 \text{ K} + 273 \text{ K} =$ 933 K，代入式(1.3.2)，得

$$\frac{1}{T_e} = \frac{2\,303R}{\Delta H_{Al}^{s \rightarrow l}} \lg \frac{1-x_h^s}{1-x_h^l} + \frac{1}{T_K}$$
$$= \left(\frac{4.576}{25.08} \lg \frac{1-8.725 \times 10^{-7}}{1.672 \times 10^{-5}} + \frac{1}{933} \right) \text{K}^{-1}$$
$$= 0.001\,073\,076 \text{ K}^{-1}$$

最后得 $T_e = 931.9 \text{ K} = 658.9 ℃$。

(2) 氢溶入铝时发生吸热反应，如已知纯铝的蒸气压 p_{VAP} 和温度 T 的关系服从式：$\lg p_{VAP} (\text{mmHg}) = (-16\,380/T) - \lg T + 12.32$，氢在铝液中的溶解热 $\Delta H_H^l = 25\,000$ cal/mol，求溶解度达最大值时的温度 T 及溶解度 S。

解：一般可用 dS/dT 来计算，但比较麻烦，在 1 500～2 500 K 范围内，每隔 1 K 代入上式，当出现 S_{max} 时，就是所求的温度 T。

1.3.5　Me-H₂ 系相图计算公式的推导

实际上 Me-H₂ 系的结晶范围很小，以至实验中无法测得，但如已知 H₂ 在 Me-H₂ 系统中溶解时的热力学参数，则可以计算求得 Me-H₂ 系的相图。下面介绍计算 Me-H₂ 系相图液相线、固相线的方法。

当温度为 T 时，固相和液相处于平衡条件下，氢的化学位 μ_H 和金属的化学位 μ_{Me} 在各相中将相等：

$$\mu_H^s = \mu_H^l \tag{1.3.4}$$

$$\mu_{Me}^s = \mu_{Me}^l \tag{1.3.5}$$

写出化学位和温度的关系式：

$$\mu_H^s = \mu_H^{s0} + RT\ln\alpha_H^s \tag{1.3.6}$$

$$\mu_H^l = \mu_H^{l0} + RT\ln\alpha_H^l \tag{1.3.7}$$

$$\mu_{Me}^s = \mu_{Me}^{s0} + RT\ln\alpha_{Me}^s \tag{1.3.8}$$

$$\mu_{Me}^l = \mu_{Me}^{l0} + RT\ln\alpha_{Me}^l \tag{1.3.9}$$

式中，α_H、α_{Me} 分别为溶液中氢和金属的活度。当压力为 p_{H_2} 时，按理想气体处理，$f = p_{H_2}$，氢在气相中的化学位为

$$\mu_{H_2} = \mu_{H_2}^0 + RT\ln f \tag{1.3.10}$$

式中，f 为氢的逸度。

将式(1.3.6)～式(1.3.9)四式合并，可得

$$2\mu_H^{s0} - \mu_{H_2}^0 + 2RT\ln\alpha_H^s = 2\mu_H^{l0} - \mu_{H_2}^0 + 2RT\ln\alpha_H^l \tag{1.3.11}$$
$$\mu_H^{s0} + 2RT\ln\alpha_H^s = 2\mu_H^{l0} + RT\ln\alpha_H^l$$

同理，有

$$\mu_{Me}^{s0} + 2RT\ln\alpha_{Me}^s = 2\mu_{Me}^{l0} + RT\ln\alpha_{Me}^l \tag{1.3.12}$$

由式(1.3.11)、式(1.3.12)可以导出确定 Me-H$_2$ 系相图中液相线、固相线的方程式。气相中的氢气溶入金属中时，$H_2(g) = 2[H]$，此时有

$$\mu_{H_2} = 2\mu_H \tag{1.3.13}$$

$$\mu_{H_2}^0 + RT\ln f = 2\mu_H^{sal0} + 2RT\ln\alpha_H^{sal} \tag{1.3.14}$$

式中，上标 sal 代表溶解态。经过变换后，可得溶液中氢的活度公式为

$$\alpha_H^{sal} = \gamma_H^0 \times x_H^{sal} = \sqrt{f}\exp\left(-\frac{2\mu_H^{sal0} - \mu_{H_2}^0}{2RT}\right) \tag{1.3.15}$$

因为对纯物质而言，化学位就是在一定温度、压力下的摩尔自由能，故 $\mu_i = Z_i = H_i - TS_i$，则有

$$2\mu_H^{sal0} - \mu_{H_2}^0 = (2H_H^{sal0} - H_{H_2}^0) - T(2S_H^{sal0} - S_{H_2}^0) \tag{1.3.16}$$
$$= Q_H^{sal} - T(2S_H^{sal0} - S_{H_2}^0)$$

得
$$\alpha_H^{sal} = \gamma_H^0 \times x_H^{sal} = \sqrt{f} \exp\left[(2S^{sal0} - S_{H_2}^0)/2R\right] \exp\frac{-Q}{2RT} \tag{1.3.17}$$

又因理想气体的 $f = p_{H_2}$，代入式(1.3.17)后有

$$x_H^{sal} = \frac{1}{\gamma_H^0}\sqrt{p_{H_2}} \exp\left(\frac{2S^{sal0} - S_{H_2}^0}{2R}\right) \exp\frac{-Q}{2RT} \tag{1.3.18}$$

令

$$K = \frac{1}{\gamma_H^0} \exp\left(\frac{2S^{sal0} - S_{H_2}^0}{2R}\right) \tag{1.3.19}$$

将式(1.3.16)代入式(1.3.11)后，下式成立：

$$Q_H^s - T(2S_H^{s0} - S_{H_2}^0) + 2RT\ln\alpha_H^s = Q_H^l - T(2S_H^{l0} - S_{H_2}^0) + 2RT\ln\alpha_H^l \tag{1.3.20}$$

再将式(1.3.19)代入式(1.3.20)，并令

$$2S_H^{l0} - S_{H_2}^0 = X, K_s\gamma_H^0 = \exp(X/2R), \ln K_s + \ln\gamma_H^0 = X/2R,$$

则 $X = 2R(\ln K_s + \ln\gamma_H^0)$，代入式(1.3.20)后下面等式成立：

$$Q_H^s - 2RT(\ln K_s + \ln\gamma_H^0) + 2RT\ln\alpha_H^s$$
$$= Q_H^l - 2RT(\ln K_l + \ln\gamma_H^0) + 2RT\ln\alpha_H^l;$$
$$Q_H^s - 2RT(\ln K_s + \ln\alpha_H^s - \ln x_H^s) + 2RT\ln\alpha_H^s$$
$$= Q_H^l - 2RT(\ln K_l + \ln\alpha_H^l - \ln x_H^l) + 2RT\ln\alpha_H^l;$$
$$Q_H^s - 2RT(\ln K_s + \ln x_H^s) = Q_H^l - 2RT(\ln K_l + \ln x_H^l);$$

所以，

$$\ln\frac{x_H^s}{x_H^l} = \frac{Q_H^l - Q_H^s}{2RT} \times \ln\frac{K_l}{K_s} \tag{1.3.21}$$

式中，x_H^s、x_H^l 分别为氢在固相、液相中的摩尔浓度；K_s、K_l 分别为氢在固相、液相中的溶解热，单位为 cal。

对于金属而言，可推导出下式：

$$\ln\frac{x_{Me}^s}{x_{Me}^l} = (\Delta H^{s \to l}/R)\left(\frac{1}{T} - \frac{1}{T_K}\right) \tag{1.3.22}$$

式中，x_{Me}^s、x_{Me}^l 分别为固相、液相中金属的物质的量浓度；$\Delta H^{s \to l}$ 为金属的熔化潜热，单位为 cal；T_K 为纯金属的熔点，单位为 K；γ 为活度系数。

氢在金属中的浓度很低,是稀溶液,则 $\gamma_{\mathrm{Me}}^{\mathrm{s}}=1,\gamma_{\mathrm{Me}}^{\mathrm{l}}=1$,
所以 $x_{\mathrm{Me}}^{\mathrm{s}}=1-x_{\mathrm{H}}^{\mathrm{s}},x_{\mathrm{Me}}^{\mathrm{l}}=1-x_{\mathrm{H}}^{\mathrm{l}}$,从式(1.3.22)可得

$$\ln\frac{1-x_{\mathrm{H}}^{\mathrm{s}}}{1-x_{\mathrm{H}}^{\mathrm{l}}}=\frac{\Delta H^{\mathrm{s}\to\mathrm{l}}}{R}\left(\frac{1}{T}-\frac{1}{T_{\mathrm{K}}}\right) \tag{1.3.23}$$

联立式(1.3.21)、式(1.3.23)即可确定 Me - H_2 系相图中液相线、固相线的位置,求得图 1.3.3 中的 $A'E$ 和 $A'a$。

三相平衡点的位置由式(1.3.21)、式(1.3.23)确定的 Me - H_2 系相图中液相线、固相线和按式(1.3.15)确定的极限溶解度的交线来确定,由式(1.3.15)确定 aE 段为

$$\lg\frac{S_{\mathrm{H}}^{\mathrm{l}}}{S_{\mathrm{H}_2}^{0.5}}=\frac{-2\,760}{T}+1.356$$

由式(1.3.17)确定 a_0a 段为

$$\lg\frac{S_{\mathrm{H}}^{\mathrm{s}}}{S_{\mathrm{H}_2}^{0.5}}=\frac{-2\,080}{T}+0.652$$

1.4　铝液与水蒸气反应中氢的溶解度方程式

1.4.1　溶解度方程式

在实际生产条件下,与铝液表面接触的不是氢气,而是大气或炉气,大量研究指出,渗入铝液中的氢并不是大气中微量的氢(大气中仅含 0.01% 体积的氢),而是来自铝液和水蒸气的反应所产生的氢,在实验室电阻炉、煤气炉内熔炼时,水汽压分别可达 13～15 mmHg、60～120 mmHg,因此,要研究铝液中的氢,必须考虑铝液和水蒸气的反应及其结果。

铝液和水蒸气接触时,先发生下列反应:

$$2\mathrm{Al}(\mathrm{l})+3\mathrm{H}_2\mathrm{O}(\mathrm{g})=\mathrm{Al}_2\mathrm{O}_3(\mathrm{s})+3\mathrm{H}_2(\mathrm{g}) \tag{1.4.1}$$

反应产生的 $H_2(\mathrm{g})$ 按式(1.4.1)溶入铝液中:

$$\mathrm{H}_2(\mathrm{g})\Leftrightarrow 2\mathrm{H} \tag{1.4.2}$$

根据式(1.4.1),有

$$K_{p1}=\frac{p_{\mathrm{H}_2}^3}{p_{\mathrm{H}_2\mathrm{O}}^3}=\alpha_1\exp\left(\frac{-\Delta H_1}{RT}\right) \tag{1.4.3}$$

$$p_{H_2} = \sqrt[3]{\alpha_1} \exp\left(\frac{-\Delta H_1}{3RT}\right) p_{H_2O} \tag{1.4.4}$$

同理,有

$$K_{p2} = \frac{p_H^2}{p_{H_2}} = \alpha_2 \exp\left(\frac{-\Delta H_2}{RT}\right) \tag{1.4.5}$$

$$p_H = \sqrt{\alpha_2} \exp\left(\frac{-\Delta H_2}{2RT}\right) \sqrt{p_{H_2}} \tag{1.4.6}$$

将式(1.4.4)代入式(1.4.6)后,得

$$\{H\} = \sqrt[6]{\alpha_1} \sqrt{\alpha_2} \exp\left(\frac{-\Delta H_1}{6RT} - \frac{\Delta H_2}{2RT}\right) \sqrt{p_{H_2O}},$$

令 $\sqrt[6]{\alpha_1} \sqrt{\alpha_2} = C$,则

$$\{H\} = C_{\exp}\left(-\frac{\Delta H_1 + 3\Delta H_2}{6RT}\right) \sqrt{p_{H_2O}} \tag{1.4.7}$$

式中,ΔH_1 为反应热;ΔH_2 为溶解热。

实用的溶解度方程式为

$$\lg\{H\} = \lg S = \lg C - \frac{\Delta H_1 + 3\Delta H_2}{6RT} + \frac{1}{2}\lg p_{H_2O}$$

令 $A = \dfrac{\Delta H_1 + 3\Delta H_2}{6R}, B = \lg C$, 则有

$$\lg\{H\} = \lg S = -\frac{A}{T} + B + \frac{1}{2}\lg p_{H_2O} \tag{1.4.8}$$

当 $p_{H_2O} = 1 \text{ atm}$ 时,同样有

$$\lg\{H_2\} = -\frac{A}{T} + B \tag{1.4.9}$$

1.4.2 计算实例

例 1 有一反应式:

$$Al(l) + \frac{3}{2}H_2O(g) = \frac{1}{2}Al_2O_3(s) + \frac{3}{2}H_2(g)$$

已知 $\Delta F = -105\,505 + 19.00T$,求在夏季的湿度下,铝液温度为 1 000 K 时上述反应界面上氢分子的分压 p_{H_2}。

解:根据气象资料中我国沿海地区夏季的平均温度,查得水汽压 $p_{H_2O} =$

0.021 88 atm，

$$\lg K_p = -\frac{\Delta F}{2.303RT} = -\left(\frac{-105\,505 + 19.00 \times 1\,000}{2.303 \times 1.987 \times 1\,000}\right) = 18.9$$

由
$$K_p = p_{H_2}^{3/2} / p_{H_2O}^{3/2} = 10^{18.9}$$

知 $p_{H_2} = (p_{H_2O}^{3/2} \times 10^{18.9})^{2/3} = (0.021\,88^{3/2} \times 10^{18.9})^{2/3}\ \text{atm} = 8.71 \times 10^{10}\ \text{atm}$

故反应界面上氢分子的分压 p_{H_2} 为 8.71×10^{10} atm。

例 2　在柴油炉中熔炼铝液时，铝液温度为 1 000 K，炉气中水汽压 $p_{H_2O} = 116$ mmHg，求反应界面上的 p_{H_2}。

解：$p_{H_2} = p_{H_2O} \times 10^{12.6} = (116/760) \times 10^{12.6}\ \text{atm} = 6.076 \times 10^{11}\ \text{atm}$。

例 3　当铝液温度为 1 000 K 时，发生上述反应的炉气中水蒸气临界分压 p_{H_2O} 是多少？

解：已知大气中氢的分压 $p_{H_2} = 5 \times 10^{-5}$ atm，设 p_{H_2O} 为 x atm 时，上述反应所产生的 p_{H_2} 即达 5×10^{-5} atm，则

$$p_{H_2O} = \frac{5 \times 10^{-5}}{10^{12.6}} = 1.256 \times 10^{-17}\ (\text{atm})$$

可见，熔炼铝液时，不存在物理意义上的干燥炉气。

例 4　已知 $\Delta F = -67\,624 - 19.39T$，设 $T = 1\,000$ K，$p_{H_2O} = 0.021\,88$ atm，求 p_{H_2}。

解：

$$\lg K_p = \frac{-\Delta F}{2.303RT} = \frac{67\,624 + 19.39 \times 1\,000}{2.303 \times 1.987 \times 1\,000} = 19.02$$

$$K_p = p_{H_2}^{3/2} / p_{H_2O}^{3/2} = 10^{19.02}$$

则

$$p_{H_2} = (10^{19.02} \times p_{H_2O}^{3/2})^{2/3} = 10^{12.68} \times 0.021\,88 = 1.047 \times 10^{11}\ (\text{atm})$$

1.5　确定溶解度方程式的实验方法

1.5.1　实验方法

B. A. Даниркин（丹尼尔金）设计了一套水汽压 p_{H_2O} 可控的装置，能满足下列要求：① 保证在金属液面上建立可控的水汽压 p_{H_2O}；② 保证在金属液面上

建立干燥惰性气体的分压,能进行脱氢;③ 气密性高,可以在试验前抽成可控的真空度;④ 能准确地测得试样中的含气量。

试验的温度范围为 $700\sim800℃$,在不同的水汽压下,测定了不同温度下铝液中氢的平衡溶解度,发现当铝液的温度恒定时,铝液的含气量与水蒸气分压的平方根成正比,证实了西韦特定律(见图 1.5.1)。从图 1.5.1 可知,来自水蒸气的氢在铝液中的溶解度随温度升高而增大。

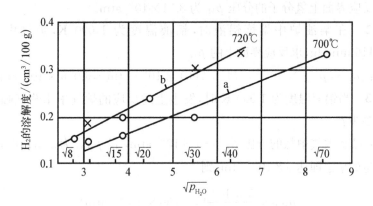

a—水蒸气;b—湿氢气。

图 1.5.1 不同的水汽压下铝液中氢的平衡溶解度

从图 1.5.1 可求得一组 $K_s\sim T$ 值,可分别作出 p_{H_2O} 给定时的 $\lg S\sim 1/T$ 关系图 1.5.2 和 $\lg K_s\sim 1/T$ 关系图 1.5.3。

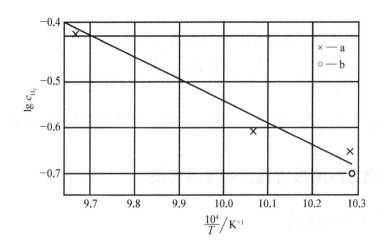

a—水蒸气;b—湿氢气。

图 1.5.2 p_{H_2O} 给定时铝液中氢的平衡溶解度与温度的关系

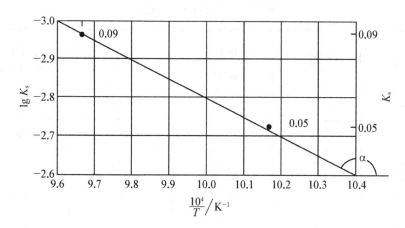

图 1.5.3　西韦特定律中 K_s 与铝液温度的关系

由
$$K_s = K_0 \exp\left(\frac{-\Delta H_0}{2RT}\right)$$

知
$$\lg K_s = \frac{-\Delta H_0}{2.303 \times 2RT} + \lg K_0$$

按照斜直式 $\lg K_s = \frac{1}{T}\tan\alpha + \lg K_0$，从图 1.5.3 可求得

$$\tan\alpha = \frac{-\Delta H_0}{2.303 \times 2R} = -5\,800 \tag{1.5.1}$$

在直线与横坐标相交处，外推得

$$\lg K_0 = 4.576 \tag{1.5.2}$$

从式(1.5.1)、式(1.5.2)可得

$$\lg K_s = \frac{-5\,800}{T} + 4.576$$

可得

$$\lg S = \lg K_s + \frac{1}{2}\lg p_{H_2O} = \frac{-5\,800}{T} + 4.576 + \frac{1}{2}\lg p_{H_2O} \tag{1.5.3}$$

这就是用实验方法求得的溶解度公式，适用于工业熔炉中不同水汽压下熔化铝合金，知道了铝液温度、炉气中的 p_{H_2O}，就可以计算氢在铝液中的溶解度，作为控制熔炼工艺的参考。表 1.5.1 列出了对式(1.5.1)的检验。

表 1.5.1　对式(1.5.1)的检验

温度/K	p_{H_2O}/ mmHg	$\frac{1}{2}\lg p_{H_2O}$/ mmHg	S 实测值/ (cm^3/100 g)	S 计算值/ (cm^3/100 g)
973	4	0.301	0.15	0.147
973	5	0.350	0.20	0.154
973	6	0.389	0.25	0.16
993	4	0.301	0.20	0.166
993	5	0.350	0.275	0.174
993	6	0.389	0.325	0.181

注：S 实测值是根据图 1.5.1 的估计值求得的。

由
$$\lg S = \frac{-5\,800}{T} + 4.576 + \frac{1}{2}\lg p_{H_2O}$$
$$= \frac{-5\,800}{973} + 4.576 + \frac{1}{2}\lg 4 = -1.08$$

可得 $S = 10^{-1.08} = 0.083$。

由
$$\lg S = \frac{-5\,800}{T} + 4.576 + \frac{1}{2}\lg p_{H_2O}$$
$$= \frac{-5\,800}{973} + 4.576 + \frac{1}{2}\lg 5 = -1.035$$

可得 $S = 10^{-1.035} = 0.092$。

由
$$\lg S = \frac{-5\,800}{T} + 4.576 + \frac{1}{2}\lg p_{H_2O}$$
$$= \frac{-5\,800}{973} + 4.576 + \frac{1}{2}\lg 6 = -0.996$$

可得 $S = e^{-0.996}/2.303 = 0.16$。

由
$$\lg S = \frac{-5\,800}{T} + 4.576 + \frac{1}{2}\lg p_{H_2O}$$
$$= \frac{-5\,800}{993} + 4.576 + \frac{1}{2}\lg 4 = -0.963$$

可得 $S = e^{-0.963}/2.303 = 0.166$。

由
$$\lg S = \frac{-5\,800}{T} + 4.576 + \frac{1}{2}\lg p_{H_2O}$$

$$= \frac{-5\,800}{993} + 4.576 + \frac{1}{2}\lg 5 = -0.914$$

可得 $S = e^{-0.914}/2.303 = 0.174$。

由
$$\lg S = \frac{-5\,800}{T} + 4.576 + \frac{1}{2}\lg p_{H_2O}$$

$$= \frac{-5\,800}{993} + 4.576 + \frac{1}{2}\lg 6 = -0.875$$

可得 $S = e^{-0.875}/2.303 = 0.181$。

因此,式(1.5.3)只是温度为 993 K 时的特例。

1.5.2　A、B 值计算

表 1.5.2 是纯铝在不同温度、不同水汽压 p_{H_2O} 下实验测得的氢含量。

表 1.5.2　纯铝在不同温度、不同水汽压 p_{H_2O} 下的氢含量 S

p_{H_2O}/mmHg		9	16	25	36	49	64
$\frac{1}{2}\lg p_{H_2O}$/mmHg		0.477	0.602	0.699	0.778	0.845	0.903
S/(cm³/ 100 g)	700℃	0.15	0.22	0.27	0.31	0.40	0.46
	720℃	0.19	0.25	0.34	0.41	0.51	—

用最小二乘法求得溶解度公式(1.4.9)中的 A、B 如下:

$$\lg S = B - \frac{A}{T} + \frac{1}{2}\lg p_{H_2O}$$

设 $y = \lg S$, $a = \frac{-A}{T} + B$, $b = 1$, $x = \frac{1}{2}\lg p_{H_2O}$, 则 $\lg\{H_2\} = -A/T + B$ 可改写为

$$y = a + x, a = y - bx$$

将表 1.5.2 中的数据改写为表 1.5.3 中所列数据。

表 1.5.3 纯铝在不同温度、不同水汽压 p_{H_2O} 下的氢含量$(\lg S)$

$x\left(=\dfrac{1}{2}\lg p_{H_2O}\right)$ /mmHg		0.477	0.602	0.699	0.778	0.845	0.903
$y(=\lg S)/$ $(cm^3/100\ g)$	700℃	−0.824	−0.658	−0.569	−0.509	−0.398	−0.337
	720℃	−0.721	−0.602	−0.469	−0.387	−0.202	—

$x=0.717, y_1=-0.549, y_2=-0.494;$

$T_1=720℃$ 时,$a_1=y_1-x=-1.266$,

$T_2=720℃$ 时,$a_2=y_2-x=-1.211$;

$a_1=B-A/T_1,\ -1.266=B-A/973$,

$a_2=B-A/T_2,\ -1.211=B-A/993$;

解得:$A=2\ 657.02, B=1.465$。

可得　　　　$$\lg S=1.465-\frac{2\ 657.02}{T}+\frac{1}{2}\lg p_{H_2O} \tag{1.5.4}$$

式(1.5.4)为另一实验方法求得的氢在水蒸气中的溶解度公式。表 1.5.4 是对式(1.5.4)的检验。

表 1.5.4 对式(1.5.4)计算结果的检验

铝液温度/K	$\dfrac{1}{2}\lg p_{H_2O}$ /mmHg	p_{H_2O} /mmHg	S 实测值 /(cm³/100 g)	S 计算值 /(cm³/100 g)
973	0.477	9	0.15	0.162
973	0.602	16	0.22	0.21
973	0.699	25	0.27	0.27
973	0.778	36	0.31	0.326
973	0.845	49	0.40	0.385
973	0.903	64	0.46	0.435
993	0.477	9	0.19	0.208
993	0.602	16	0.25	0.246

铝液温度/K	$\frac{1}{2}\lg p_{H_2O}$ /mmHg	p_{H_2O} /mmHg	S 实测值 /(cm³/100 g)	S 计算值 /(cm³/100 g)
993	0.699	25	0.34	0.309
993	0.778	36	0.41	0.369
993	0.845	49	0.51	0.435
993	0.903	64	—	0.492

由
$$\lg S = 1.465 - \frac{2\,657.02}{T} + \frac{1}{2}\lg 9 = -0.788\,7$$

可得 $S = 10^{-0.788\,7} = 0.162$。

由
$$\lg S = 1.465 - \frac{2\,657.02}{973} + \frac{1}{2}\lg 16 = -0.572\,7$$

可得 $S = 10^{-0.6\,637} = 0.21$。

由
$$\lg S = 1.465 - \frac{2\,657.02}{973} + \frac{1}{2}\lg 25 = -0.565\,7$$

可得 $S = 10^{-0.565\,7} = 0.27$。

由
$$\lg S = 1.465 - \frac{2\,657.02}{973} + \frac{1}{2}\lg 36 = -0.487\,7$$

可得 $S = 10^{-0.487\,7} = 0.325$。

由
$$\lg S = 1.465 - \frac{2\,657.02}{973} + \frac{1}{2}\lg 49 = -0.415$$

可得 $S = 10^{-0.415} = 0.385$。

由
$$\lg S = 1.465 - \frac{2\,657.02}{973} + \frac{1}{2}\lg 64 = -0.362$$

可得 $S = 10^{-0.362} = 0.435$。

由
$$\lg S = 1.465 - \frac{2\,657.02}{993} + \frac{1}{2}\lg 9 = -0.7\,337$$

可得 $S = 10^{-0.733\,7} = 0.232$。

由
$$\lg S = 1.465 - \frac{2\,657.02}{993} + \frac{1}{2}\lg 16 = -0.608\,7$$

可得 $S = 10^{-0.608\,7} = 0.246$。

由
$$\lg S = 1.465 - \frac{2\,657.02}{993} + \frac{1}{2}\lg 25 = -0.510\,7$$

可得 $S = 10^{-0.510\,7} = 0.309$。

由
$$\lg S = 1.465 - \frac{2\,657.02}{993} + \frac{1}{2}\lg 36 = -0.432\,7$$

可得 $S = 10^{-0.432\,7} = 0.369$。

由
$$\lg S = 1.465 - \frac{2\,657.02}{993} + \frac{1}{2}\lg 49 = -0.360\,7$$

可得 $S = 10^{-0.360\,7} = 0.435$。

由
$$\lg S = 1.465 - \frac{2\,657.02}{993} + \frac{1}{2}\lg 64 = -0.307\,7$$

可得 $S = 10^{-0.307\,7} = 0.492$。

因此,式(1.5.4)适用于熔炼温度范围。

1.6 炉气中水汽压 p_{H_2O} 的计算方法

1.6.1 绝对湿度 S_z

单位体积空气中所含的水蒸气质量,称为绝对湿度 S_z,它的单位是 g/mm^3,绝对湿度也即空气中水蒸气的密度 ρ_w,利用绝对湿度 S_z 能直接表示空气中水蒸气的绝对含量:

$$S_z = \rho_w = \frac{M}{V} \tag{1.6.1}$$

式中,M 为水蒸气质量,单位为 g;V 为空气的体积,单位为 mm^3。

1.6.2 水汽压 p_{H_2O} 与饱和水汽压

水蒸气是大气的一部分,气体状态方程式同样适用于水蒸气:

$$p_{H_2O} = \rho_w R_w T = \frac{M}{V}\frac{R}{\mu_w}T = \frac{M}{\mu_w}\frac{R}{V}T \tag{1.6.2}$$

式中,R_w 为水汽比气体常数, $R = 8.3 \times 10^7$ erg[①]/(℃ · mol),$R_w = \frac{R}{\mu_w} =$

① erg(尔格),功的非法定单位,1 erg = 1 dgw · cm ≈ 10^{-7} J。

$8.3 \times 10^7/18 = 4.611 \times 10^6$ erg/(g·℃)，μ_w 为水的相对分子质量，其值为 18。

绝对湿度 S_z 与水汽压 p_{H_2O} 之间有下列关系：

$$\rho_w = S_z = \frac{p_{H_2O}}{R_w T} = 10^3 \times \frac{p_{H_2O}}{4.611 \times 10^6 T}$$

$$= 217 \times 10^{-6} \frac{1}{T} p_{H_2O}(g/cm^3) = \frac{217}{T} p_{H_2O}(g/m^3) \quad (1.6.3)$$

若 p_{H_2O} 的单位为 mbar[①]（1 mbar = 10^3 dyn[②]/cm^2，1 erg = dyn·cm），将 $T = 273 + t = 273(1 + \alpha t)$，$\alpha = 1/273 = 0.003\ 66$ 代入式(1.6.3)计算 S_z，

$$S_z = \frac{217}{273(1 + \alpha T)} p_{H_2O} = 0.795 \times 10^{-6} p_{H_2O}/(1 + \alpha t)(g/cm^3)$$

$$= 0.795 \times p_{H_2O}/(1 + \alpha t)(g/m^3) \quad (1.6.4)$$

若 p_{H_2O} 的单位为 mmHg，则

$$S_z = \frac{1.333}{0.795} p_{H_2O}/(1 + \alpha t)(g/m^3) = 1.68 p_{H_2O}/(1 + \alpha t)(g/m^3) \quad (1.6.5)$$

当 $T = 16.4$℃ 时，$1.68/(1 + \alpha t) = 1$，$S_z = p_{H_2O}$，因此，有时称水汽压 p_{H_2O} 为绝对湿度 S_z，无疑，这是不准确的，但此式可用来求 $S_z \sim p_{H_2O}$ 之间的关系。

从式(1.6.5)可得

$$p_{H_2O} = S_z(1 + \alpha t)/1.68 = 0.59(1 + \alpha t)S_z(mmHg) \quad (1.6.6)$$

温度一定时，单位体积大气中能容纳的水蒸气含量有一定限度，当水蒸气含量达到此一定限度时，大气中的水蒸气含量就呈饱和状态，称之为饱和空气，其中的水汽压 p_{H_2O} 称为饱和水汽压 p_0，饱和水汽压随温度上升而增大。

1.6.3　相对湿度

所谓相对湿度 S_x 就是大气中的水汽压 p_{H_2O} 与饱和水汽压 p_0 之比，即

---

①　bar(巴)，压强、压力的非法定单位，1 bar = 10^5 Pa，1 mbar = 10^{-3} bar。
②　dyn(达因)，力的非法定单位，1 dyn = 10^{-5} N。

$$S_x = p_{H_2O}/p_O = S_z/\rho_O \qquad (1.6.7)$$

式中，ρ_O 为饱和水蒸气含量，单位为 g/cm^3。

可得 $$S_z = S_x \rho_O \qquad (1.6.8)$$

还有经验公式：$\lg \rho_O = 8.494\,6 - 2\,131.9/T\ (g/cm^3) \qquad (1.6.9)$

1.6.4　实用举例

某铝厂为消除因含气量过高而引起铝液质量的不稳定，需要全面了解引起含气量过高的因素。经全面分析，认为大气温度 T、炉气中水汽压 p_{H_2O}、铝液温度 t 三者的影响最大，可作出 T、p_{H_2O}、t 与 S 的关系图表。

根据实测数据的统计，当 T 为 $10 \sim 40℃$，S_x 为 $50\% \sim 100\%$，t 为 $700℃$、$730℃$、$760℃$ 时，其计算过程如下。

(1) 计算饱和水汽压 p_O：$\lg p_O = 8.494\,6 - 2\,131.9/T(g/cm^3)$；

(2) 计算绝对湿度 S_z：$S_z = S_x p_O(g/cm^3)$；

(3) 计算炉气中水汽压 p_{H_2O}：$p_{H_2O} = 0.945(1 + \alpha t)S_z(mmHg)$；

(4) 计算铝液含气量 S：$S = -\dfrac{5\,800}{t} + 4.576 + \dfrac{1}{2}p_{H_2O}(cm^3/100\,g)$。

计算结果如表 1.6.1 所示。

表 1.6.1　不同大气温度 T、炉气中水汽压 p_{H_2O}、铝液温度 t 时的铝液含气量 S

室温 $T/℃$	$S_x/\%$	$\rho_O/(g/cm^3)$	$S_z/(g/cm^3)$	$p_{H_2O}/mmHg$			$S/(cm^3/100\,g)$		
				700℃	730℃	760℃	700℃	730℃	760℃
10	50	9.15	4.575	15.40	15.87	16.35	0.162	0.247	0.369
	60		5.490	18.48	19.05	19.62	0.177	0.271	0.405
	70		6.405	21.56	22.22	22.84	0.196	0.293	0.438
	80		7.330	24.64	25.40	26.16	0.205	0.313	0.468
	90		8.225	27.72	28.57	29.43	0.217	0.332	0.496
	100		9.150	30.80	31.75	32.70	0.229	0.350	0.523

续　表

室温 $T/℃$	$S_x/\%$	$\rho_0/(g/cm^3)$	$S_z/(g/cm^3)$	$p_{H_2O}/mmHg$			$S/(cm^3/100\,g)$		
				700℃	730℃	760℃	700℃	730℃	760℃
20	50	16.54	8.270	27.51	28.35	29.20	0.216	0.331	0.494
	60		9.924	33.01	34.02	35.04	0.234	0.362	0.541
	70		11.573	38.51	39.69	40.88	0.256	0.392	0.585
	80		13.232	44.01	45.37	46.72	0.273	0.419	0.625
	90		14.886	49.52	51.04	52.56	0.290	0.444	0.663
	100		16.540	55.52	56.71	58.40	0.306	0.468	0.966
30	50	28.75	14.375	47.82	49.28	50.74	0.285	0.436	0.652
	60		17.250	57.38	59.14	60.89	0.312	0.478	0.714
	70		20.125	66.94	69.00	71.04	0.337	0.516	0.771
	80		23.000	76.52	78.85	81.19	0.361	0.552	0.824
	90		25.375	86.07	88.71	91.34	0.382	0.585	0.874
	100		28.750	95.63	98.57	101.49	0.403	0.617	0.922
40	50	48.24	24.120	80.22	82.70	85.14	0.369	0.565	0.844
	60		28.940	96.29	99.23	102.17	0.404	0.619	0.925
	70		33.740	112.33	115.77	119.20	0.437	0.669	0.999
	80		38.590	128.97	132.31	136.23	0.467	0.715	1.068
	90		43.416	144.42	148.85	153.26	0.495	0.758	1.132
	100		48.24	161.06	165.39	170.29	0.523	0.799	1.194

　　图 1.6.1 为根据另一组实验数据作出的图。该图显示,不破坏氧化膜的铝合金液在炉中静置时,随着炉气中湿度的增加,铝合金液中的氢浓度相应地增大。

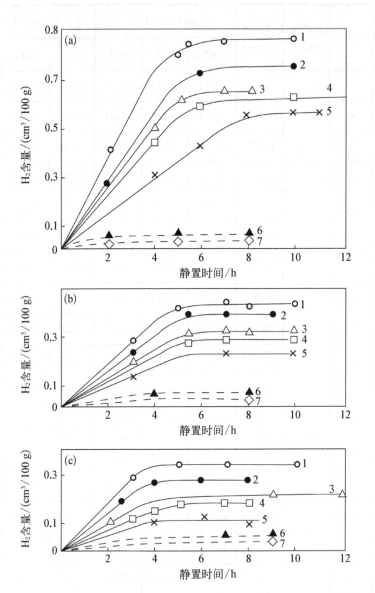

水蒸气密度:1—110～120 g/m³;2—70～80 g/m³;3—15～18 g/m³;4—5.2～6.4 g/m³;5—0.15～1.0 g/m³;6—0.1～0.3 g/m³;7—0.016～0.022 g/m³。

图 1.6.1 ZL301(a)、ZL105(b)、АД1(c)不破坏表面氧化膜时,随着炉气中水蒸气的增加,铝合金液中氢含量的变化曲线

从图 1.6.1 的走势看,长时间静置时,对于在一定的温度和氢浓度条件下的每一种铝合金,存在一个决定含氢量的临界大气湿度,大气湿度大于临界值时铝液吸氢,反之,铝液会吐氢,这可能就是静置脱氢的原因。

铝合金液和水蒸气作用时吸收的氢量还与合金元素密切相关,镁的影响最明显,镁和水蒸气之间将发生下列反应:

$$Mg + H_2O = MgO + H_2, \Delta F = -88\ 250 + 22.87T$$

设 $p_{H_2O} = 0.021\ 88$ atm,当 $T = 900$ K 时有

$$\lg K_p = \frac{-\Delta F}{2.303RT} = \frac{88\ 250 - 22.87 \times 900}{2.303 \times 1.987 \times 900} = 16.43$$

$$K_p = 1.366 \times 10^7 = p_{H_2}/p_{H_2O}$$

$$p_{H_2} = 1.366 \times 10^7 \times 0.021\ 88\ \text{atm} = 2.989 \times 10^5\ \text{atm}$$

从图 1.6.1 中可见,合金 ZL301 的含氢量比 ZL105、АД1 高得多。

1.7　铝及铝合金中的吸氢和脱氢

1.7.1　吸氢过程

大气中水汽压为 6～16 mmHg,炉气中水汽压大于 50 mmHg,已知在砂型铝铸件中铝液含氢量大于 0.12 $cm^3/100$ g 或连续铸造件中铝液含氢量大于 0.25 $cm^3/100$ g 时,就会出现气孔。因此,当铝液达到平衡浓度时,砂型铝铸件、连续铸造件都会出现气孔,必须进行精炼,降低含氢量。

铝液和水蒸气反应生成的氢被铝液吸收,含氢量能超过上述水平,但吸氢过程进行较慢,吸氢速度取决于氧化膜的厚度、氢的透过能力及氢在铝液中的扩散速度,限制环节是氧化膜的厚度。

目前,尚无氢透过氧化膜能力的数据。当铝液与炉气接触时,液面生成致密氧化膜,吸氢速度缓慢(见图 1.7.1);Шаров. M. B.(沙罗夫)研究了在火焰炉中熔炼铝及 Al-Mg-Cu 合金时的吸氢过程,不破坏致密的氧化膜时,不易吸氢。氧化膜被破坏时,明显吸氢。因此,七月份湿气高,撬动液面,氧化膜被破坏,导致废品率最高。

静置时铝液密度的变化曲线如图 1.7.2 所示。

当吸氢速度和原始含氢量不变时,氢溶解达到平衡的时间与熔池深度有关。

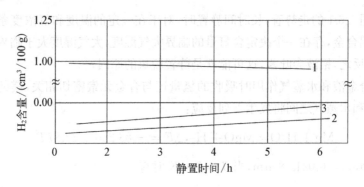

炉气中水蒸气含量:1—0.079 g/L;2—0.2 g/L;3—0.5 g/L。

图 1.7.1　静置时铝液中氢含量的变化曲线

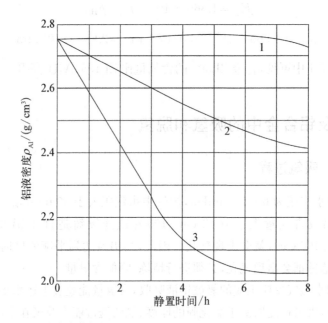

炉气中水蒸气含量:1—0.079 g/L;2—0.2 g/L;3—0.5 g/L。

图 1.7.2　静置时铝液密度的变化曲线

在试验室炉中熔炼 $1 \sim 1.5$ h 可达到平衡,大型熔炉熔炼大于 5 h 才达到平衡。因此,在生产条件下熔炼通常达不到平衡。

1.7.2　脱氢过程

吸、脱氢过程与时间的关系如图 1.7.3 所示,曲线 1 为对应于铝液温度、炉中水汽压的溶于铝液中氢的平衡浓度;当含氢量低于平衡浓度时,铝液吸氢(见曲线3);当含氢量高于平衡浓度时,铝液脱氢,直至达到平衡(见曲线2);如除去氧化膜,脱氢速度加快(见曲线4);进行精炼脱氢,能使含氢量低于平衡浓度(见曲线5),在精炼过程中,会同时进行吸氢、脱氢过程,是一个动态平衡过程(虚线)。

脱氢的时间可用经简化的公式计算:

$$\frac{p - p'}{p} = \frac{8}{\pi^2} \exp\left(-\frac{\pi^2 D \tau}{4H}\right)$$

$$(1.7.1)$$

式中,p 为溶解氢的平衡分压,单位为 mmHg;p' 为大气中氢的平衡分压,单位为 mmHg;H 为熔池深度,单位为 cm;D 为氢在铝液中的扩散系数,单位为 cm^2/s;τ 为时间,单位为 s。

Ransley 测定的扩散系数 D 约为 $1\ cm^2/s$,而其他学者测定的扩散系数 D 约为 $0.1\ cm^2/s$。计算曲线及试验曲线如图 1.7.4 所示,如初始浓度

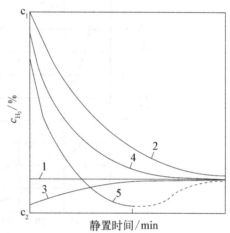

1—平衡浓度;2—氢浓度≥平衡浓度时脱氢;3—氢浓度≤平衡浓度时吸氢;4—除去氧化膜脱氢;5—精炼脱氢。

图 1.7.3　金属液吸氢、脱氢曲线

为 $1.17\ cm^3/100\ g$,温度为 740℃,分压为 760 mmHg,若取 $D = 1\ cm^2/s$,要使浓度降低至 $0.03\ cm^3/100\ g$,需 40 min,这与实验数据相符(见曲线 2);若取 $D = 0.1\ cm^2/s$,计算表明,经 40 min 后浓度应降低至 $0.75\ cm^3/100\ g$(见曲线 1),与实际数据不同。在生产条件下氢溶解量很少超过 $0.5\ cm^3/100\ g$,以 $0.5\ cm^3/100\ g$ 为初始浓度,取 $D = 1\ cm^2/s$,经计算,浓度降低至 $0.03\ cm^3/100\ g$,需 35 min(见曲线 3);按实验数据,氢浓度低于 $0.12\ cm^3/100\ g$,砂型铸件已不会出现气孔;以 $0.5\ cm^3/100\ g$ 为初始浓度,脱氢到 $0.12\ cm^3/100\ g$,需 17 min(见曲线 4);当初始浓度为 $1.17\ cm^3/100\ g$ 时,需 27 min(见曲线 2);曲线 4 在高浓度部分和计算曲线 3 很接近,实验曲线表明,当氢浓度与平衡浓度接近时,脱氢速度很慢。

1.7.3　氧化膜的阻碍作用

文献中只有氧化膜阻碍氢透过液面的概念而没有具体数据;实验指出,当表面膜全由氧化铝组成时,脱氢速度尤其缓慢,在所有研究者研究悬浮状 Al_2O_3 对

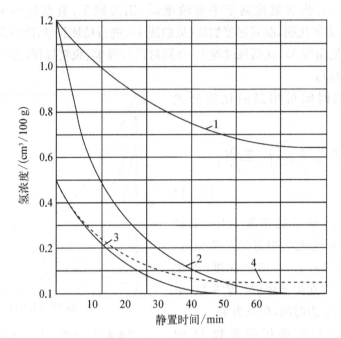

1—$c=1.17 \text{ cm}^3/100 \text{ g}$,$D=0.1 \text{ cm}^2/\text{s}$；2—$c=1.17 \text{ cm}^3/100 \text{ g}$,$D=1.0 \text{ cm}^2/\text{s}$；
3—$c=0.5 \text{ cm}^3/100 \text{ g}$,$D=1.0 \text{ cm}^2/\text{s}$；4—$c=0.5 \text{ cm}^3/100 \text{ g}$,虚线的实验曲线。

图 1.7.4　不同原始氢浓度、不同扩散系数计算得到的脱氢曲线

脱氢的影响时,都没有考虑氧化膜的附加作用,不知它在整个脱氢过程中的影响
占多大比例。

　　研究者在研究悬浮状 Al_2O_3 和 H_2 作用时指出,与物理-化学平衡相符的、
按照公式得出的氢含量是不变的,而与铝液中的 Al_2O_3 含量无关;但在脱氢
时,当其他条件不变,随着悬浮状 Al_2O_3 的增加,过饱和的氢脱除的速度下降
了,这已由图 1.7.5 的实验曲线所证实。图 1.7.4 中的计算曲线 3 只是在低浓
度时和图 1.7.5 中曲线 1 有某些偏离;Al_2O_3 达 0.012 2% 时,脱氢时间不少
于 20 min。

　　在大多数情况下,Al_2O_3 含量多的铝液中含氢量高,脱氢速度缓慢,在生产
条件下,脱氢不能进行到底,不能降至平衡浓度,测得的浓度是过饱和含量。
其最大可能是 Al_2O_3 与 H_2 之间有吸附作用,这已被实验所证实。在铝中平均
含有 0.01% Al_2O_3,吸附的氢不超过 0.014 $\text{cm}^3/100 \text{ g}$,这与溶解的氢是不能比
的,因此,实际上所有氢都以溶解状态存在。铝液中悬浮状 Al_2O_3 在自己表面
吸附氢,能够解释悬浮状 Al_2O_3 对脱氢的影响。因为,吸附力会在吸附剂的周

围形成应力场,它们的作用距离较大,作用强度因离开吸附剂质点而下降,在一定距离处为零;Al_2O_3 在自己表面吸附、积聚单层氢分子并使其有序化;Al_2O_3 总量很低,吸附很弱,在单层氢分子外,形成一个半径为 10^{-5} cm 的球状范围,在这个范围内氢存在于溶液内,但在与单层氢分子交界处的浓度比平均浓度高,随着 Al_2O_3 含量增加,质点间距离就会减小,当 Al_2O_3 超过 1.01% 时,因 Al_2O_3 引起的应力场将作用到整个铝液内,在这种条件下,铝液中的过饱和氢是不稳定的,要发生分解,但氢离子向液面逸出减少,即阻碍了向外界扩散脱氢。Al_2O_3 和 Al 相互润湿,Al_2O_3 应该很快下沉;而在实验中,Al_2O_3 下沉很慢,这间接地证明了吸附观点的正确性。

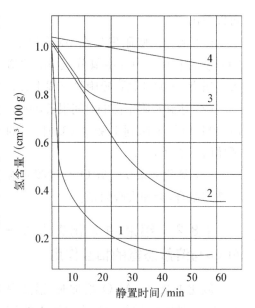

1—0.002% Al_2O_3;2—0.006 5% Al_2O_3;
3—0.010 2% Al_2O_3;4—0.012 2% Al_2O_3。

图 1.7.5　静置时 Al_2O_3 含量对氢浓度的影响曲线

在熔池液面下扩散脱氢过程,比起液面的扩散脱氢要快。影响脱氢的因素有通入铝液的惰性气体中有没有氢和水蒸气以及气泡表面有没有 Al_2O_3。当惰性气体中没有氢和水蒸气,气泡表面没有 Al_2O_3 时,氢的扩散快,通过浮游作用除去吸附氢的 Al_2O_3 质点,加速氢扩散进入气泡的速度,最后氢逸出液面而被脱除;沙罗夫认为,用 8~10 min 即能满足精炼的要求。

1.8　Al_2O_3 与 H_2 的相互作用

熔炼铝及其合金,铝液和炉氛反应生成的氧化夹杂的主要成分是 γ-Al_2O_3。

1.8.1　氧化夹杂 γ-Al_2O_3 吸附 H_2

氧化夹杂 γ-Al_2O_3 吸附 H_2,经测定是物理吸附,它的活化能为 34 kcal/mol,吸附热为 12 kcal/mol,物理吸附热通常为 3~4 kcal/mol,化学吸附热为 20~25 kcal/mol,氧化夹杂 γ-Al_2O_3 吸附 H_2 的动力学曲线如图 1.8.1 所示,从图中

可以看出：

（1）明显的吸附发生在 100℃ 以上，随温度的上升和炉气中氢分压 p_{H_2} 的增大而增大，500℃ 以后，吸附量直线上升；

（2）达到吸附平衡的时间很长，600℃ 时，40 h 后仍未达到平衡，450℃ 时，氢的覆盖面不超过 1%；

（3）氧化夹杂 γ-Al_2O_3 与过渡元素如铁等结合，会加大吸附量。

1.8.2 铝液中氧化夹杂 γ-Al_2O_3 与溶解态氢的相互作用

氧化夹杂 γ-Al_2O_3 增加时，铝液中的 H_2 含量同时增加，H_2 从铝液中的扩散速度降低。从图 1.8.2 中可看出铝液静置时不同 γ-Al_2O_3 含量的脱氢速度。按氧化夹杂 γ-Al_2O_3 的含量可把铝锭分为 1~5 级（见表 1.8.1），1 级铝锭最纯净，5 级铝锭中 γ-Al_2O_3 和氢的含量最高。

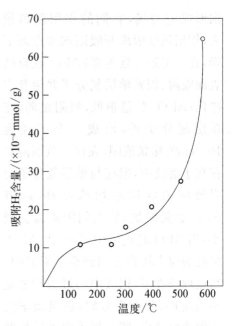

图 1.8.1　p_{H_2}=1.5 mmHg 时，Al_2O_3 吸附 H_2 含量与温度的关系曲线

表 1.8.1　不同级别 Z101 合金试样中 γ-Al_2O_3 和 H_2 的含量

试样号	按 γ-Al_2O_3 含量评定的铝锭级别	H_2 含量/(cm^3/100 g)
1	1	0.63
2	2	0.77
3	3	0.88
4	4	1.04
5	5	1.3

精炼过程中除气、除渣效果相辅相成，除渣效果好，除气效果肯定好。图 1.8.2 为不同方法精炼后，铝中氧化夹杂 γ-Al_2O_3 含量和氢含量。

铝液中氧化夹杂 γ-Al_2O_3 分布不均匀，铝液和氧化夹杂 γ-Al_2O_3 相互不

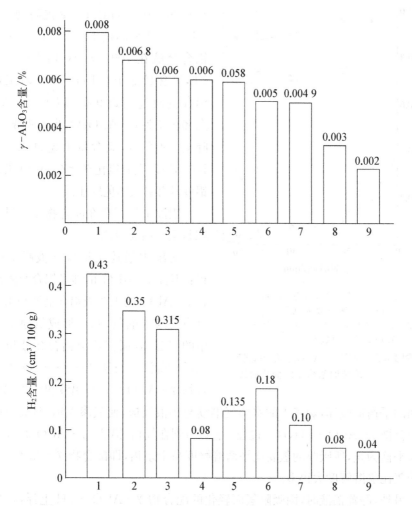

1—原始金属液；2—700℃静置 60 min；3—玻璃网过滤；4—通氮精炼；5—真空处理；
6—熔剂精炼；7—MnCl₂ 精炼；8—C₂Cl₆ 精炼；9—通氯处理。

图 1.8.2　不同方法精炼后，铝中氧化夹杂 γ‑Al₂O₃ 含量和氢含量

润湿，密度大的氧化夹杂 $\gamma\text{-}Al_2O_3$ 慢慢沉入底部，熔池底部氧化夹杂 $\gamma\text{-}Al_2O_3$ 较高，因此氢含量也高。

氧化夹杂 $\gamma\text{-}Al_2O_3$ 含量高，将降低氢在铝液中的扩散速度，图 1.8.3 表示铝液静置时随氧化夹杂 $\gamma\text{-}Al_2O_3$ 含量的增大（从 0.004％增加到 0.012 2％），脱氢速度可下降数倍。

文献发表过实验结果：在大气中熔炼，700℃时不含 $\gamma\text{-}Al_2O_3$ 的纯净铝合金液中，氢含量仅为 0.05～0.06 cm³/100 g；工业级铝合金液，通水蒸气后氢含量

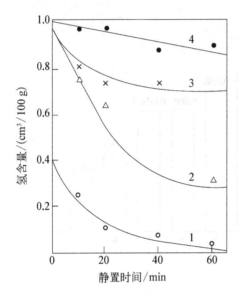

1—γ-Al_2O_3的质量分数为 0.004%；2—γ-Al_2O_3的质量分数为 0.006 5%；3—γ-Al_2O_3的质量分数为 0.010 2%；4—γ-Al_2O_3的质量分数为 0.012 2%。

图 1.8.3　不同 γ-Al_2O_3 含量下铝液静置时氢含量的变化曲线

从 0.20～0.45 cm^3/100 g 提高到 0.45～1.15 cm^3/100 g，而不含 γ-Al_2O_3 的纯净铝合金液在 700～800℃ 通水蒸气 1～2 h，氢含量低于 0.1 cm^3/100 g；工业级铝合金液过热到 900℃ 以上，γ-Al_2O_3 全部转变为 α-Al_2O_3 后，也不吸收氢气，降至 700℃ 后，氢含量不超过 0.1 cm^3/100 g，所以没有氧化夹杂 γ-Al_2O_3 的纯净铝液具有吸氢的免疫性。

铝液中是否存在配合物 γ-Al_2O_3-xH，至今尚无定论。

文献中描述了铝合金液吸氢的过程：不含 γ-Al_2O_3 的纯净铝合金液或只含 α-Al_2O_3 的工业级铝合金液与水蒸气反应所渗入的氢，只能形成氢原子在铝中的固溶体，而工业级铝合金液与水蒸气反应所渗入的氢将与 γ-Al_2O_3 形成配合物 γ-Al_2O_3-xH；铝液和气相（炉气）之间的平衡被破坏，炉气中的水蒸气继续与铝液反应，使氢渗入铝液，又形成新的配合物 γ-Al_2O_3-xH，这一过程一直进行到在气相-铝液-γ-Al_2O_3 系统中建立起平衡为止，所吸收的氢要比平衡溶解度高十余倍，即配合物 γ-Al_2O_3-xH 中的氢比氢溶解度大得多。

另外，静置铝液时，因吸附氢而轻化的配合物 γ-Al_2O_3-xH 上浮，轻化不足的配合物 γ-Al_2O_3-xH 则下沉，图 1.8.4 为不扒渣时，LY12 合金静置过程中配合物 γ-Al_2O_3-xH 沿熔池深度的分布，随着配合物 γ-Al_2O_3-xH 不断上浮、下沉，其沿熔池深度分布逐渐趋缓。

研究液态 AK6、AMg6 和氚（$^3_1$H）之间相互作用得到了相同的结果：合金在真空中熔炼，完全脱氢，然后通上氚，静置不同时间，使之吸收不同的氚含量，γ-Al_2O_3 总是集中在熔池底部，因此，吸氚时取自底部的试样活性增长最快，γ-Al_2O_3-x^3_1H 开始上浮，反映在长期静置过程中，试样活性极大点沿熔池高度上升，上升速度约为 0.001 cm/h，假定适用斯托克斯公式，上浮的 γ-Al_2O_3-x^3_1H 与铝液之间的密度差为 1 g/cm^3，则可推算出配合物 γ-Al_2O_3-x^3_1H 的直径为 3.1×10^{-3} cm。如果有气孔的试样三向受压，气孔中的氢气将溶入固溶体内，增加了试样的活性(不稳定性),可借此研究试样中溶解态和分子态氢,结果表明,AMg6 合金中呈溶解态的氢占总量的 20%～40%,其余的氢呈微小气泡附在氧化夹杂上。

В. П. Антипин(安吉宾)则认为,按照固体物质吸附多原子气体理论,在 Al_2O_3 表面存在由摄动力、诱导力和互感力构成的分子间拉力所形成的力场,吸附力作用的距离达 10^{-5} cm,出现一个吸附体积,只有表面上吸附的单层氢和金属结合紧密,这一层氢在通常的 Al_2O_3 含量下约为 0.002 cm^3/100 g,即为总含氢量的 1%,溶解态的氢仍占大部分,其余部分的氢和 Al_2O_3 结合较弱,由于吸附作用

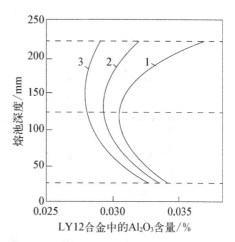

1—1 h;2—6 h;3—24 h。

图 1.8.4 不扒渣时,LY12 合金静置过程中配合物 γ - Al_2O_3 - xH 沿熔池深度的分布图

形成的配合物 γ - Al_2O_3 - xH 很容易在外力作用下消除吸附而分解。因此,由配合物 γ - Al_2O_3 - xH 所带来的氢在很宽的范围内变动,同时,增加 γ - Al_2O_3 并不一定增加含氢量,反之亦然。图 1.8.5 为 A00 铝液用 C_2Cl_6 精炼前后 700℃ 时 γ - Al_2O_3 和氢含量的变化,证明了增加 γ - Al_2O_3 并不一定能增加氢含量,但严重阻止氢过饱和固溶体分解,既阻止氢的析出,也阻止氢的吸入。

Лайнер А. И.(莱涅尔)在对 Al_2O_3 吸附氢的研究中指出,Al_2O_3 吸附氢是化学吸附,在活化中心进行吸附。这意味着,在 Al_2O_3 质点表面吸附一层氢原子时,在氢原子与活化中心之间形成牢固的结合,伴有吸引氢原子和活化中心的电子,以便形成结合键。亦即表面吸附单层氢原子后,表面化学活性就消失了;第二层氢原子只能是物理吸附,与表面结合得很弱,这种弱结合在低温下(≤200℃)将被破坏。因此,多分子吸附在这种条件下是不可能的,因而不能认为在化学吸附的单原子氢的外面存在着与 Al_2O_3 结合得很弱的氢。

М. В. Шаров(沙罗夫)根据式(1.2.13)中 A、B 值变化不大,计算所得数据相近,否定了铝液中除溶解态氢外还存在和氧化物结合成复合物的氢;同时进行过很多次实验,但没有找到氢含量与 Al_2O_3 含量之间的关系,推翻了存在复合物 $(Al_2O_3)_x H_y$ 的假设。

В. П. Антипин(安吉宾)指出,对于含有不同 Al_2O_3 含量的铝液,在真空抽

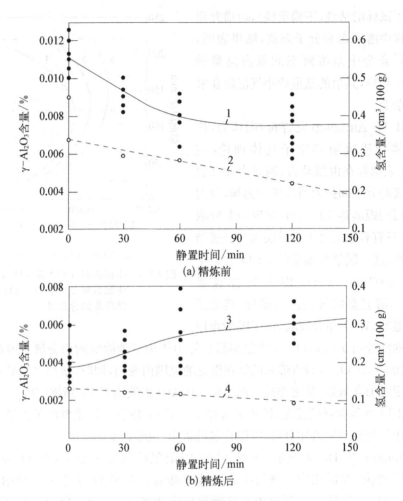

图 1.8.5 A00 铝液用 C_2Cl_6 精炼前后 700℃时,γ-Al_2O_3
含量(1,3)和氢含量(2,4)的变化曲线

取法的误差范围内吸收氢的数量是相同的。因此,认为在 $c_1 < c_\infty$ 的实际铝液中(含 0.005%~0.02% Al_2O_3)存在与 Al_2O_3 相结合的 H_2(≤0.01 cm^3/100 g);弥散状 Al_2O_3 对铝液吸氢,只有在 $c_1 > c_\infty$ 时,由于在氧化夹杂上形成分子氢气泡,吸氢才明显。

在实际情况下,当铝液中氢含量为 0.4~0.5 cm^3/100 g、高速结晶时(薄铝带),气孔体积小于 0.3%~0.4%,甚至不予注意结晶时生成的附加的首次气泡,在实际工业铝及其合金中,透镜中氢的数量是微不足道的。

在许多研究铝合金中氧化物和氢的相互作用的文献中,所研究的铝液中的氢含量大大超过实验温度下的溶解度(c_∞),此时从文献公式中引出的气泡临界半径 r_{KP} 具有正值:

$$r_{KP} = \frac{2\sigma V_{H_2}}{RT} \frac{c_\infty}{c_1 - c_\infty} \tag{1.8.1}$$

式中,σ 为氢气泡与金属间的界面张力;V_{H_2} 为氢的分子体积;R 为气体常数;T 为绝对温度;c_1 为铝液中氢的含量。

此时,$r \geqslant r_{KP}$ 的气泡将无限长大,这种条件下,存在于铝液中的氢含量将由铝液吸氢程度及气泡上浮条件来确定;同样地,这种条件下,铝液中 H_2 和 Al_2O_3 的相互比例将在很宽的范围内变化。

实际工业铝合金中氢含量通常达不到 c_∞,分子态氢形成的气泡和溶解氢之间的稳定平衡只有氢气泡的半径为负值时才能建立,此时氢透镜不能无限地长大,它们将受与其连接的氧化夹杂几何形状的限制。因此,铝液中的氢透镜数目具有一个极限值,其数量根据合金中的气孔来判断是很少的,在透镜中氢含量非常低,小于 0.01 $cm^3/100$ g。

因此,在 $c_1 < c_\infty$ 的铝液中,氢分子(气泡)的数量是很少的,而在 $c_1 > c_\infty$ 的铝液中,其数量大增。故判断吸附在氧化夹杂上的氢,只能根据 $c_1 < c_\infty$ 的铝液中所得结果来进行。计算得出,含 0.01% Al_2O_3 的铝液中,氧化夹杂吸附的氢不大于 0.014 $cm^3/100$ g,即所有的氢全部为溶解态氢,这一结论已被两种不同方法(真空抽取法、第一气泡法)测定铝液中氢含量的结果所证实。由于精炼剂对 H_2 和 Al_2O_3 的作用不同,在每一种具体情况下,脱氢的速度是不同的,因而铝液中,H_2 与 Al_2O_3 的比例也不同。

为了确定 Al_2O_3 对 H_2 的吸附作用,在氢气氛中进行熔炼,在可控气氛中结晶,实现了铝液的吸氢过程。材料采用含 0.004% Al_2O_3 的 A99 锭,为了使 Al_2O_3 增加到 0.014%,加入 20% 切屑,使铝液在 700℃吸氢时,氢的分压为 800 Pa;采用了光谱纯的 H_2,熔化后,每一炉精炼除气 20～30 min,然后向熔炼装置通入 H_2,进行吸氢,在氢气氛中浇入铸锭中,用真空抽取法测定试样中的氢含量,用溴甲醇法测定 Al_2O_3 含量,所得结果列于表 1.8.2 中。

对于含有不同 Al_2O_3 含量的铝液,在真空抽取法的误差范围内吸收氢的数量是相同的。因此,认为在 $c_1 < c_\infty$ 的实际铝液中(含 0.005%～0.02% Al_2O_3),与 Al_2O_3 相结合的 H_2 不大于 0.01 $cm^3/100$ g;弥散状 Al_2O_3 对铝液吸氢,只有在 $c_1 > c_\infty$ 时,由于在氧化夹杂上形成分子氢气泡,吸氢才明显;可以确信,实际工

表 1.8.2　吸氢实验结果

材　料	吸氢时间/h	氢含量/（cm³/100 g）	Al₂O₃的质量分数/%
A99	3/4	0.43 ± 0.04	0.004
切屑	3/4	0.46 ± 0.04	0.014
切屑	3/4	0.43 ± 0.04	0.014

业铝及其合金中透镜中氢的数量是微不足道的。

　　总之，有关 Al_2O_3 和氢之间的相互作用比较复杂，学者们一致认为两者联系紧密，能形成带电的配合物 $\gamma - Al_2O_3 - xH$，铝液中氢浓度除与溶解度有关外，还与氧化夹杂 $\gamma - Al_2O_3$ 的形状、尺寸、数量有关。但其余的许多观点、推论往往相互矛盾，如氢在铝液中的存在形式，有的人认为有气孔中的氢、固溶态氢及溶解态氢，其中有的认为溶解态氢含量大于配合物 $\gamma - Al_2O_3 - xH$ 中的氢，有的则相反；有的人把溶解态氢及配合物 $\gamma - Al_2O_3 - xH$ 中的氢作为溶解态氢来计算，这可以用来解释为什么不同学者测得的氢在纯铝中的溶解度不同。总之，有关铝液中 Al_2O_3 和氢之间的相互作用及氢浓度的数据测算，还有大量研究工作有待进行。

1.9　铝与氮的相互作用

　　常用通氮来精炼铝合金，因此必须知道铝和氮相互作用的温度、时间及可能产生的结果。氮化铝（AlN）是灰色粉末，密度约为 3.05 g/cm³，生成热约为 60 kcal/mol，晶型为闪锌矿 ZnS 型，莫氏硬度为 9，在 1 000℃ 以下没有发现分解迹象，在 4 atm 时熔点为 2 230℃，但难以测定准确的熔点，因为在熔点附近很容易分解为原子。

　　氮化铝很容易水解生成氧化铝和氨气：

$$AlN + 3H_2O \rightarrow Al(OH)_3 + NH_3 \tag{1.9.1}$$

　　反应产生的氨气，包括金属表面氮化铝与水蒸气反应产生的氨气，很容易嗅到。而氮化铝溶于冷水、热水中。

　　铝液和大气中的分子氮能生成氮化铝，根据不同学者的数据，反应开始的温度在很宽的范围内变动(700～870℃),表 1.9.1 中列出了 A6 铝液通氮 10 min 后,不同纯度炉料化成的含氮量。

表 1.9.1　A6 铝液通氮 10 min 后用不同纯度炉料化成的含氮量

试样状态	温度/℃	氮的质量分数
未通氮	—	0.004 6%
铝块	700	0.003 8%～0.007 0%
切屑	700	0.006 4%～0.007 0%
铝块	850	0.003 3%～0.012 3%
切屑	850	0.005 8%～0.014 3%
铝块	940	0.001 8%～0.003 8%
切屑	940	0.003 8%～0.007 8%

从表中数据可知:
(1) 700℃时已生成氮化铝;
(2) 近 850℃时,与氮剧烈反应,生成氮化铝;
(3) 940～950℃时,由于和大气中的氧起反应,氮化铝被分解;
(4) 增加铝液表面积,氮含量有所增加;
(5) 在所有的温度下通氮处理,氮化铝在铝液中分布很不均匀。

另一组试验的结果有所不同:铝合金液面覆盖 NaCl＋KCl 熔剂,然后在 900～1 000℃通净化的氮气 5 h,并没有产生氮化铝,而在含 2%(质量分数) Cr、4%～10%(质量分数)Mg、2%(质量分数)Fe、1%(质量分数)Ti、2%(质量分数)V 的铝液中通氮,含氮量达 1.05%～0.15%。有试验结果表明,氢高时金属容易吸氮,氧则相反,阻止氮吸附。由于在一定的高温下,通氮不当,会产生氮化铝,吸附在气泡表面,尤其对含镁的铝合金,由于氮化镁的生成热 ΔH_{298} 为 110.3 kcal/mol,大于氮化铝的生成热 60.3 kcal/mol,可能生产氮化镁,恶化铝液质量。

某些工业合金的含氮量如表 1.9.2 所示。

在铝合金中,锻铝的含氮量最高,Магналии 最低,铜、镁会增加铝合金中的含氮量。

表 1.9.2　某些工业合金的含氮量

合　金　牌　号	氮的质量分数
纯铝	0.001 8%～0.006 0%
锻铝	0.010%～0.043%
铝硅合金	0.003 6%～0.004 2%
Авиаль	～0.006 1%
Магналии	0.000 84%～0.001 9%

第 2 章
铸造过程中氢在铝及其合金中的迁移

Воронов C. M.（沃罗诺夫）首先于 1938 年在莫斯科的国防工业出版社出版了至今仍有参考价值的研究铝合金中氢、氧化夹杂的影响及脱氢理论的著作,此后出现了众多的涉及铝合金精炼的文献,促进了铝合金熔铸工艺技术的发展。

2.1 氢在铝液中的分布

铝液除气过程中,铝液中的氢或通过扩散形成氢气泡,或进入惰性气体后上浮而逸入大气中。氢原子先在局部区域富集,形成氢分子,生成氢气泡,上浮时带走非金属夹杂,同时得到除气、除渣的效果。精炼效果主要取决于生成氢气泡的过程及其大小,以及上浮带走非金属夹杂的过程,因此必须研究分子态氢在铝液中形成气泡的热力学平衡条件。

2.1.1 气泡的平衡半径 r_p

研究在铝液中形成氢气泡,假定铝液是均匀的,当铝液中过饱和的氢形成气泡时出现了新的相界面,此时系统的平衡条件可用式(2.1.1)表示:

$$\sum \mu_i dn_i + \sigma dA = 0 \qquad (2.1.1)$$

式中,σdA 为出现新相时系统增加的能量;μ_i、n_i 分别是某一组元的化学位和物质的量;σ 为气泡-铝液界面上的界面张力系数,单位为 dyn/cm;dA 为气泡的表面积。

氢溶解于铝液体系时,存在着下列平衡:

$$\mu_H dn_H + \mu_{H_2} dn_{H_2} + \sigma dA = 0 \qquad (2.1.2)$$

式中,μ_H、μ_{H_2} 分别是氢原子在铝液中的化学位、氢分子在气泡中的化学位;dn_H、

$\mathrm{d}n_{\mathrm{H}_2}$ 分别是铝液中氢原子的物质的量、氢分子在气泡中的物质的量。

由反应式 $\mathrm{H}_2 = 2[\mathrm{H}]$，可得

$$\mathrm{d}n_{\mathrm{H}} = -2\mathrm{d}n_{\mathrm{H}_2} \tag{2.1.3}$$

将式(2.1.3)代入式(2.1.2)，得

$$\sigma \frac{\mathrm{d}A}{\mathrm{d}n_{\mathrm{H}_2}} = \sigma \frac{\mathrm{d}A}{\mathrm{d}V} \frac{\mathrm{d}V}{\mathrm{d}n_{\mathrm{H}_2}} = 2\mu_{\mathrm{H}} - \mu_{\mathrm{H}_2} \tag{2.1.4}$$

式中，V 为氢气泡体积。

定义 $\mathrm{d}V/\mathrm{d}n_{\mathrm{H}_2} = V^0$ 为氢分子的摩尔体积，设氢气泡呈球形，$V = \frac{4}{3}\pi r_{\mathrm{p}}^3$，则

$$\mathrm{d}A/\mathrm{d}V = \mathrm{d}(4\pi r_{\mathrm{p}}^2)/\mathrm{d}\left(\frac{4}{3}\pi r_{\mathrm{p}}^3\right) = \frac{2}{r_{\mathrm{p}}}$$

则式(2.1.4)可改写为

$$2\sigma V^0/r_{\mathrm{p}} = 2\mu_{\mathrm{H}} - \mu_{\mathrm{H}_2} \tag{2.1.5}$$

设氢气泡中氢分子的化学位 μ_{H_2} 和氢气泡半径 r_{p} 无关，即已经生成气泡，不需驱动力，故 μ_{H_2} 不随 r_{p} 的改变而改变，而溶于铝液中氢原子的化学位 μ_{H} 和氢气泡-铝液界面的形状有关，当氢气泡-铝液界面为平面时，即 $r \to \infty$ 时，有

$$\frac{2V^0\sigma}{r_{r\to\infty}} = 0 = 2\mu_{\infty\mathrm{H}} - \mu_{\mathrm{H}_2}$$

则 $\mu_{\mathrm{H}_2} = 2\mu_{\infty\mathrm{H}}$，把 μ_{H_2} 代入式(2.1.5)中，得

$$2\mu_{\mathrm{H}} - 2\mu_{\infty\mathrm{H}} = 2(\mu_{\mathrm{H}}) - \mu_{\infty\mathrm{H}} = 2RT\ln(\alpha_{r_{\mathrm{p}}}/\alpha_\infty) = 2\sigma V^0/r_{\mathrm{p}} \tag{2.1.6}$$

式中，$\alpha_{r_{\mathrm{p}}}$、α_∞ 分别是氢气泡-铝液界面的曲率半径为 r_{p}、∞ 时铝液中氢的活度。

如果把溶有氢的铝液看成是稀溶液，气泡中的氢是理想气体，则存在下列关系。

因为 $\alpha = \gamma^0 c$，对于稀溶液，$\gamma^0 = 1$，$\alpha = c$；又 $V^0 = RT/p$，由式(2.1.6)得

$$\ln(c_{r_\mathrm{p}}/c_\infty) = \sigma/p_{r_\mathrm{p}} \tag{2.1.7}$$

式中，γ^0 为氢在铝液中的活度系数；c_{r_p}、c_∞ 分别是铝液中氢的分压为 p 时，在气泡半径为 r_{p}、∞ 时，氢在铝液中的平衡浓度，c_{r_p} 即铝液的含氢量，c_∞ 即氢在铝液中的溶解度。

由式(2.1.7)可知：$c_{rp} \leqslant c_\infty$ 时，即含氢量低于溶解度时，$(\sigma/p_{rp}) \leqslant 0$，只能生成 r 为负的氢气泡或在真空中才能生成气泡；$c_{rp} \geqslant c_\infty$ 时，$(\sigma/p_{rp}) \geqslant 0$，能生成氢气泡，$c_{rp}$ 越大，氢气泡的临界半径 r_p 就越小。

2.1.2　氢在铝液中生成氢气泡的动力学条件

铝液中能生成氢气泡，气泡内压力 p 必须满足下列动力学条件：

$$p \geqslant p_a + \gamma_h + 2\sigma/r \tag{2.1.8}$$

式中，p_a 为作用在铝液上方的大气压；γ_h 为作用在气泡上方的金属液柱压力。

联立式(2.1.7)和式(2.1.8)，得

$$\ln \frac{c_r}{c_\infty} \geqslant \sigma/[(p_a + \gamma_h)r_p + 2\sigma] \tag{2.1.9}$$

将式(2.1.9)左边展开成级数，只取前两项，得到一个简单的近似公式，它能计算氢气泡的平衡半径 r_p 与氢在铝液中的浓度和溶解度之间的关系：

$$(c_r - c_\infty)/c_\infty \geqslant \sigma/[(p_a + \gamma_h)r_p + 2\sigma]$$
$$\frac{c_r}{c_\infty} \geqslant 1 + \sigma/[(p_a + \gamma_h)r_p + 2\sigma] \tag{2.1.10}$$

2.1.3　三种不同情况的讨论

分析式(2.1.10)可知，存在三种不同情况：

(1) $c_r = c_\infty$，氢在铝液中的浓度与溶解度相等，此时氢气泡的平衡半径 $r_p = \infty$，即不存在过饱和的氢，将不形成气泡；

(2) $c_r > c_\infty$，此时氢气泡的平衡半径 r_p 取得某一正值，且 c_r 越大，r_p 越小，即越容易使气泡成长；

(3) $c_r < c_\infty$，r_p 为负值，对于自发形核过程，不但不能形成气泡，相反要从炉气中吸氢。

因此，只能在满足 $c_r > c_\infty$ 的过饱和铝液中才能自发形核并长大，形成氢气泡。

在实际生产条件下，不存在氢气泡自发形核，铝液中总存在可作为氢气泡形核基底的固态氧化夹杂物，在凹穴底部可以形成具有负的曲率半径的氢气泡，即使 $c_r < c_\infty$，也能形成气泡；气泡的临界半径 r_p 和作用在气泡上方的压力 $(p_a + \gamma_h)$ 有关，在常压下，$p_a = 1$ atm，对于一般熔炼设备，γ_h 可忽略不计；只有当真

空除气时，$p_a = 0$，则在熔池不同深处产生的氢气泡的临界半径 r_p 是不同的。气泡-铝液界面上的界面张力系数 σ 对 r_p 的影响是：σ 增大时，r_p 也增大。

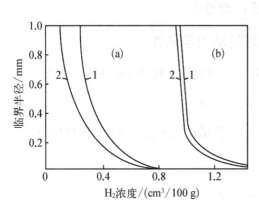

1—铝液表面层；2—离液面 200 mm 深处。

图 2.1.1　700℃，$p_a = 10^{-3}$ atm（a），$p_a =$ 1 atm(b)时，气泡临界半径 r_p 与氢浓度 c_r、大气压 p_a 之间的关系

图 2.1.1 为按式(2.1.10)计算出来的气泡临界半径 r_p 与氢浓度 c_r、大气压 p_a 之间的关系。当 $p_a = 1$ atm 时，r_p 很大；当 $p_a = 10^{-3}$ atm，$c_r = 0.5$ cm³ / 100 g 时，$r_p = 0.09$ mm，而且离液面 200 mm 深处与液面处的 r_p 差别不大。

综上所述，在大多数情况下，氢气泡的平衡半径 r_p 足够大，自发形核相当困难，为了生成气泡，出现新的相界面，溶于铝中的氢必须有很大的浓度起伏。而在氢以氧化夹杂物作为形核基底时，过程要容易得多。

2.2　氢气泡的异质形核过程

2.2.1　Al₂O₃氧化夹杂是氢气泡非自发形核基底

工业金属液中总含有某些非金属夹杂物，可以视之为"混浊"液体，对于铝液，必然存在悬浮态的 Al₂O₃ 氧化夹杂，它的质量分数可达 0.01%。在 Al₂O₃ 氧化夹杂表面上，氢很容易形核，因为此时新相的形核功很小。根据结晶动力学，非自发形核功 ΔF^{**} 由下式决定：

$$\Delta F^{**} = \Delta F^*(2 + \cos\theta)(1 - \cos\theta)/4 = \Delta F^* \int(\theta) \qquad (2.2.1)$$

式中，ΔF^* 为自发形核功；θ 为新相-异质基底间的润湿角。

当 $\theta = 180°$ 时，$\int(\theta) = 1$，$\Delta F^{**} = \Delta F^*$，异质基底表面不能形核；当 $\theta = 90°$ 时，$\int(\theta) = \dfrac{1}{2}$，$\Delta F^{**} = \dfrac{1}{2}\Delta F^*$，形核功减少一半，异质基底上能形核；当 $\theta = 0°$ 时，$\int(\theta) = 0$，$\Delta F^{**} = 0$，新相可在异质基底表面直接外延生长。

金属液中总存在外来杂质，气泡在外来杂质表面形核的平衡条件由下列关

系决定：

$$\sigma_{s \to l} = \sigma_{s \to g} + \sigma_{l \to g} \cos \theta \qquad (2.2.2)$$

$$\cos \theta = (\sigma_{s \to l} - \sigma_{s \to g}) / \sigma_{l \to g} \qquad (2.2.3)$$

当基体为铝晶体时，由于铝晶体与铝液相互润湿，$\sigma_{s \to l} < \sigma_{s \to g}$，则 $\cos \theta < 0$，$\theta > 90°$，形核功 $\Delta F^{**} \approx \Delta F^*$，故铝晶体一般不能成为气泡形核的现成基底，如图 2.2.1(a) 所示。而以 Al_2O_3 氧化夹杂作形核基底[见图 2.2.1(b)]，因为 Al_2O_3 与铝液相互不润湿，$\sigma_{s \to l}$ 很大，而且表面总有被吸附的氢气，即 $\sigma_{s \to g}$ 很小，$\cos \theta \to 1$，$\theta \to 0°$，$\Delta F^{**} \to 0$，不必有浓度起伏，氢就能在 Al_2O_3 表面上形核、长大，形成气泡。

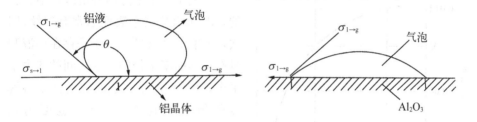

(a) 铝晶体一般不能成为气泡形核的现成基底　　(b) Al_2O_3 表面是气泡形核的现成基底

图 2.2.1　氢气泡的形核

2.2.2　形成气泡的平衡条件与 Al_2O_3 氧化夹杂的形状、大小的关系

假定 Al_2O_3 氧化夹杂的形状是个平面圆盘，半径为 r_D，气泡的临界半径为 r_p。当 $r_D > r_p$ 时，在 Al_2O_3 氧化夹杂表面能逐渐发展出半径为 r_p 的完整气泡，这个气泡能不断成长，如图 2.2.2(a) 所示。这一情况代表不稳定平衡，增大还是减小气泡半径都会使系统离开平衡：如气泡半径比 r_p 小，$2\sigma/r$ 变大，气泡被溶解；如气泡半径比 r_p 大，$2\sigma/r$ 变小，气泡能继续长大，带着 Al_2O_3 氧化夹杂一起上浮。

当 $r_D = r_p$ 时，气泡的生长只能在 Al_2O_3 氧化夹杂表面形成氢透镜，透镜由临界半径 r_p 的球面所组成，气泡不再长大[见图 2.2.2(b)]，这种被表面张力黏附在 Al_2O_3 氧化夹杂表面上的气泡如继续长大，气泡球面只能拱起，气泡球面曲率半径变小，使气泡半径比 r_p 小，气泡中的氢将重新溶入铝液中；反之，如气泡半径大于 r_p，氢将从铝液中析出进入气泡中，使气泡上拱、长大，直至如图 2.2.2(a) 所示为止。这说明形成氢透镜时，在气泡-铝液之间存在着稳定平衡，因此，铝液中存在着无数带有氢透镜状的 Al_2O_3 氧化夹杂，它们的密度和铝液相近，不易浮出液面。

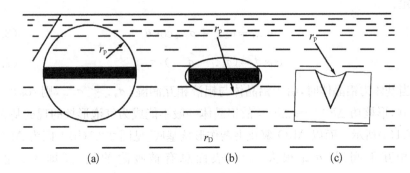

图 2.2.2 Al₂O₃ 氧化夹杂表面生成氢气泡或氢透镜示意图

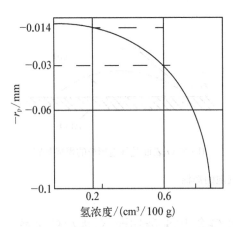

图 2.2.3 铝液中 Al₂O₃ 氧化夹杂表面具有负的曲率半径 $-r_p$ 的氢气泡和氢浓度的关系（$t=700℃$，$p=1\,atm$，$h=200\,mm$）

铸造生产中上述两种情况是不存在的，Al₂O₃ 氧化夹杂表面通常有裂纹、凹穴，如图 2.2.2(c)所示，于是存在铝液和具有负的曲率半径的气泡之间的热力学平衡，这种平衡是在氢的浓度低于溶解度的情况下建立起来的，也可用式(2.1.10)来计算。

图 2.2.3 为作用在铝液上方的压力为 1 atm 时，计算所得的具有负的曲率半径气泡和铝液中氢浓度的关系。从图中可见，在常见的氢浓度（0.2~0.6 cm³/100 g）范围内，r_p 在 -0.03~-0.014 mm 之间波动，因此，如 Al₂O₃ 氧化夹杂表面有裂纹、凹穴，则凹穴必为具有负的曲率半径气泡所充填，组成氢气泡- Al₂O₃ 氧化夹杂复合物，表观密度和铝液的密度相近，它们将长期滞留在铝液中。

当铝液外压为 1 atm 时，计算得与铝液中氢浓度相关的负曲率半径 $-r_p$，如图 2.2.4 所示。在通常的铝液氢含量时，r_p 在 0.014~0.03 mm 之间波动，与图 2.2.3 相符。

因此，生成 Al₂O₃ 复合物，符合 Al - H₂ - Al₂O₃ 多相系统中的热力学平衡条件，也有人认为 H₂ - Al₂O₃ 复合物的成因是 H₂ 和 Al₂O₃ 之间的静电作用，具有 H₂⁺ - Al₂O₃ 结构。

铝液中被非金属夹杂表面吸附的氢气泡数量由这些非金属夹杂的形态所决

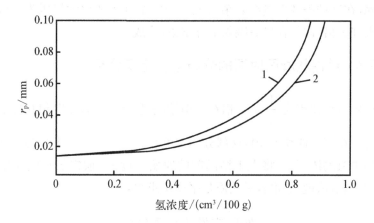

1—铝液表面;2—离开铝液表面 200 mm 处。

**图 2.2.4　氢浓度低于溶解度($c_r < c_\alpha$)时气泡
临界半径 r_p 与氢浓度的关系**

定,非金属夹杂的表面越发达,细微凹穴数量越多,则吸附的氢气泡越多,且长期滞留在铝液中。

实验表明,当大小为 $10 \sim 20\,\mu$ 的非金属夹杂物增加时,铝液的含氢量也增加了。

2.3　铝液凝固时氢的重新分配

2.3.1　铝液凝固时的平衡结晶过程

铝液凝固时,氢在金属体积内的重新分配具有重大的实际意义,因为它决定了气孔在铸件中的分布。下面分析铝液凝固时的平衡结晶过程。

设铝液中氢的初始含量为 c_0,按照 Al - H_2 系相图,首先在氢含量为 c_0 的铝液中析出氢含量为 kc_0 的固态金属(k 为氢在固/液二相中的分配系数),随着结晶的进行,液/固二相中的氢浓度都增加了,它们的成分相应地沿液相线、固相线变化。在平衡条件下结晶时,液、固二相中氢完全扩散:氢均匀地沿整个铸件体积内分布,在共晶温度,固相点氢含量达 $0.036\,cm^3/100\,g$,液相点氢含量达 $0.69\,cm^3/100\,g$,如不计金属液柱压力 γ_h 及表面张力附加压力 $2\sigma/r$,出现气共晶结晶 L=α - Al+P(氢气泡),合金的组织由溶有氢的 α - Al 固溶体和气共晶[α - Al+P(氢气泡)]所组成。

如果合金呈糊状凝固,则到达一定的凝固阶段,剩余的液相将与外面的大气脱离接触,在这种条件下氢在剩余的液相中的浓度可能比大气压为 1 atm 时的溶解度大许多倍,即氢在最后凝固部分富集,形成气孔。

2.3.2 对糊状凝固时氢的分布进行定量分析

设初始液相体积为 $\frac{4}{3}\pi r_0^3$,铝在平衡结晶过程中,当枝晶臂相互接触时剩余液相被封闭在某一体积 V_0 内,这部分体积可假想为一个当量半径为 r_0' 的球体,此时液相中氢的浓度 c_0' 将大于结晶前的原始浓度 c_0,假定氢在固相中充分扩散,则此时的氢浓度 c_0' 很容易从质量平衡中求得:

$$m_1 c_0' + m_s k\, c_0' = m\, c_0 \tag{2.3.1}$$

$$c_0' = mc_0/(m_1 + m_s k) = c_0/[1 - (1-k)\int_s] \tag{2.3.2}$$

式中,m_1 为剩余液相质量;m_s 为已凝固的固相质量;m 为铝液全部质量,$m = m_1 + m_s$;$\int_s$ 为固相体积分数,$\int_s = m_s/m$。

设凝固到某一时刻 τ,剩余液相中氢的浓度为 c_1,固相中氢的浓度为 kc_1[见图 2.3.1(a)];当球体的 dr 层凝固后,从固相中析出氢的体积为

$$dV = c_1 \times (1-k)4\pi r^2 = dV_s + dV_1$$

这部分氢将按分配系数 k 分布在以后依次凝固的固、液二相中[见图 2.3.1(b)]。

由 $\qquad \dfrac{dc_s}{dc_1} = k\,;\; dc_s = dV_s/V_s\,;\; dc_1 = dV_1/V_1$

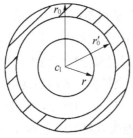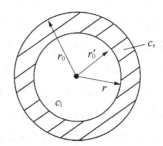

c_0'—半径 r_0' 球体(液相)内氢浓度;c_1—半径 r 球体(液相)内氢浓度。

(a)

r_0—外圆球体半径;r_0'—内圆球体半径;r—凝固前沿球体半径。

(b)

图 2.3.1 凝固时氢的迁移示意图

得
$$\frac{\mathrm{d}V_s}{V_s} = k \frac{\mathrm{d}V_l}{V_l}$$

式中，V_l、V_s 分别是剩余液相和刚凝固的固相的体积；$\mathrm{d}V_l$、$\mathrm{d}V_s$ 分别是进入剩余液相和刚凝固的固相中氢的浓度。上式两边加 1，经整理后得：

$$\mathrm{d}V_l = \mathrm{d}V \frac{V_l}{V_l + kV_s} \tag{2.3.3}$$

当枝晶臂相互接触时，$V_l = \frac{4}{3}\pi r_0^3$，$V_s = \frac{4}{3}\pi(r_0^{3'} - r^3)$，将相应的结果代入式（2.3.3）后得

$$\begin{aligned}
\mathrm{d}c_l / c_l &= 3(k-1)r^2 \mathrm{d}r / [r^3 + (r_0^{3'} - r^3)] \\
&= -(1-k)\mathrm{d}r^3 / [(1-k)r^3 + kr_0^{3'}]
\end{aligned} \tag{2.3.4}$$

两边积分得

$$\int_{c_0'}^{c_1} (\mathrm{d}c_l / c_l) = \int_{r_0'}^{r} \{-(1-k)\mathrm{d}r^3 / [(1-k)r^3 + kr_0'^3]\}$$

式中，负号表示 c_l 随 r 的减小而增大。

$$\ln c_l = \ln C[(1-k)r^3 + kr_0'^3]^{-1}$$

得
$$c_l = C[(1-k)r^3 + kr_0'^3]^{-1} \tag{2.3.5}$$

式中，C 为常数。

当 $r = r_0^{3'}$ 时，$c_l = c_0'$，故 $c_0' = C(r_0'^{-3})$，将 $C = c_0' r_0'^3$ 代入式（2.3.5）得

$$c_l = c_0'[k + (1-k)(r/r_0')^3]^{-1} \tag{2.3.6}$$

又 $c_s = kc_l$，得

$$c_s = kc_0'[k + (1-k)(r/r_0')^3]^{-1} \tag{2.3.7}$$

设当枝晶臂相互接触时，即剩余合金液与大气脱离接触时，$m_l = m_s = \frac{1}{2}m$，即 $\int_s = \frac{1}{2}$，则式（2.3.2）变为 $c_0' = \frac{2c_0}{1+k}$，

$$c_l = \frac{2c_0}{1+k}[k + (1-k)(r/r_0')^3]^{-1} \tag{2.3.8}$$

当 $r \to 0$ 时，$c_l = \frac{2c_0}{1+k}k^{-1} = c_0' k^{-1}$，

$$c_s = k \frac{2c_0}{1+k} [k + (1-k)(r/r_0')^3]^{-1} \qquad (2.3.9)$$

当 $r \to 0$ 时，$c_s = k \dfrac{2c_0}{1+k} k^{-1} = c_0'$。

2.3.3　计算结果分析

从上述公式可知：

（1）在平衡结晶条件下，最后凝固阶段（$r \to 0$），氢在剩余液相中的浓度 c_1 接近 c_0'/k，比原始含量高 $1 \sim 2$ 个数量级；

（2）凝固结束时，最后一份固体中的氢含量 c_s 接近铝液和大气脱离接触时的氢含量 c_0'；

（3）因为合金液在最后凝固阶段与大气隔绝，剩余的液相及固相中的氢含量会高于原始氢含量 c_0，即 $c_1 + c_s > c_0$。

实例 1　铝合金液中原始含氢量 $c_0 = 0.20 \text{ cm}^3/100 \text{ g}$，枝晶臂相互接触，合金液和大气隔绝时的剩余液相球的半径 $r_0' = 5 \text{ mm}$，此时已有 50% 的金属已经凝固，$m_1 = \dfrac{1}{2}m$，继续凝固，最后凝固时液相球的半径 $r = 1 \text{ mm}$，求最后凝固时剩余液相的含氢量 c_1。

解：已知氢在铝中的分配系数是 0.053，代入式（2.3.8）中，

$$c_1 = \frac{2 \times 0.20}{1 + 0.053} [0.053 + 0.947 \times (1/5)^3]^{-1} = 6.27 \text{ (cm}^3/100 \text{ g)}$$

故含氢量增长倍数 $n = c_1/c_0 = 6.27/0.2 = 31.35$。

实例 2　原始含氢量 $c_0 = 0.20 \text{ cm}^3/100 \text{ g}$，枝晶臂相互接触，合金液和大气隔绝时的剩余液相球的半径 $r_0' = 5 \text{ mm}$，此时已有 60% 的金属已经凝固，如最后凝固时液相球的半径 $r = 0.7 \text{ mm}$，求最后凝固时剩余液相的含氢量 c_1。

解：先求枝晶臂相互接触、合金液和大气隔绝时剩余液相的含氢量 c_0'，代入式（2.3.2）：

$$c_0' = 0.2/[1 - (1-0.053) \times 0.6] = 0.463 \text{ (cm}^3/100 \text{ g)}$$

再求最后凝固时液相球的半径 $r = 0.7 \text{ mm}$ 时剩余液相的含氢量 c_1，代入式（2.3.6）：

$$c_1 = 0.463 [0.053 + (1-0.053) \times (0.7/5)^3]^{-1} = 8.33 \text{ (cm}^3/100 \text{ g)}$$

故含氢量增长倍数 $n=c_1/c_0=8.33/0.2=41.65$。

生产中的情况要复杂得多。第一,铝合金凝固时,体积要发生收缩,形成局部真空,促使氢自固相、液相中析出,生成晶间气孔,使剩余液相的氢含量减少;其次,浇注过程中氢容易在铝固溶体中过饱和,尤其是结晶温度范围小的合金,这种倾向更大,在冷却速度足够大时,在 $Al-H_2$ 系统内将出现晶内偏析,氢富集于树枝晶主干内,这些现象都促使产生非平衡结晶,提高氢在铝固溶体中的浓度。

2.4　一次气孔形成机理

2.4.1　氢浓度为 c_0 时的非平衡结晶分析

假定条件为:

（1）氢在固相中的扩散与在液相中的扩散相比微不足道;

（2）在结晶前沿附近,扩散引起的对流与搅拌相比微不足道;

（3）在结晶界面上,氢在固相中的扩散和在液相中的扩散进行完全;

（4）结晶速度 v_K 在整个凝固过程中不变。

以上这些假定符合 Tiller-Charmers 提出的模型。

假定铝液为物理透明,没有异质结晶核心,将在铝液中形成氢的过饱和,其结晶过程可分以下两种情况。

1）结晶前沿在无限大的金属液体积中移动

当合金温度冷却到液相线时,第一份固态金属中的氢含量为 kc_0,而在结晶前沿液相中富集了氢(见图 2.4.1),第二层固态的金属应当含有更高的氢,因为它是由含气量更高的合金液所形成。固相、液相的氢含量将增加到建立稳定状态为止,此时,单位时间内在结晶界面上被固相挤出的氢含量将等于从界面扩散进入液相中的氢含量,从而建立起动态平衡,在凝固界面前沿将出现成分过冷,固相、液相的成分应按 $Al-H_2$ 系相图的固相线、液相线的走向改变。此时在常态液相中的浓度 c_1 和离开结晶界面的距离 x 之间服从下式:

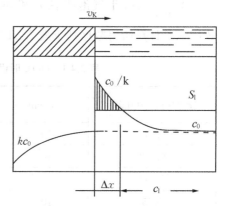

图 2.4.1　凝固时氢在固、液相中的分配

$$c_{l(x)} = c_0 \left[1 + \frac{1-k}{k} \exp(-v_K x/D) \right] \tag{2.4.1}$$

式中，c_1 为非平衡结晶时氢在铝液中生成气泡的浓度，$cm^3/100\ g$；c_0 为铝液中远离结晶界面距离处氢的浓度，单位为 $cm^3/100\ g$；v_K 为结晶速度，cm/s；D 为氢在铝液中的扩散系数，单位为 cm^2/s；k 为分配系数，0.05；x 为离开结晶界面的距离，单位为 cm。

建立动态平衡时，氢在固相中的浓度达到 c_0，结晶过程被下列情况复杂化：氢在紧靠界面的液相中的浓度高于结晶温度时的溶解度 S_1，会提前形成气相，生成氢气孔，因而生成气孔的区域 Δx 可用式（2.4.1）计算：设 $c_1 = S_1$，则从式（2.4.1）可得到决定形成气孔的区域（气体过饱和区域）Δx 的公式：

$$\Delta x = \frac{D}{v_K} \ln \frac{1-k}{k \left(\dfrac{S_1}{c_0} - 1 \right)} \tag{2.4.2}$$

式中，S_1 为临界气体饱和溶解度，与合金本性、铸造方法、结晶所受外压 p 等有关，需通过实验测定，气体过饱和区域就在凝固界面上，此处液相中的氢含量为 c_0/k；半径为 r 的平衡气泡生成功 A 等于表面能的 $1/3$，即

$$A = \frac{4}{3} \pi r^2 \sigma \tag{2.4.3}$$

生成平衡气泡的概率 W 由下式决定：

$$W = B \exp\left(-\frac{A}{KT}\right) \tag{2.4.4}$$

式中，B 为常数；K 为玻尔兹曼常数；T 为绝对温度。

A、$\dfrac{A}{KT}$ 取决于气泡半径 r 和 $660℃$ 时铝液的氢含量 c_0，按式（2.4.3）和式（2.4.4）计算所得数据列于表 2.4.1 中（σ 取 9×10^{-4}）。

表 2.4.1　660℃时铝液中自发生成气泡的概率

$c_0/(cm^3/100\ g)$	r/cm	A/erg	$\dfrac{A}{KT}$
0.037	10^{-1}	38.4	2.78×10^{12}
0.042	10^{-2}	38.4×10^{-2}	2.78×10^{10}
0.084	10^{-3}	38.4×10^{-4}	2.78×10^{8}
0.25	10^{-4}	38.4×10^{-6}	2.78×10^{6}
0.84	10^{-6}	38.4×10^{-8}	2.78×10^{4}

从表中可知,对于氢在铝液中的常见浓度 c_0,要自发形成平衡气泡的概率是很低的,如 c_0 为 0.84 cm³/100 g 时,在均相中自发形成平衡气泡的概率 $W = Be^{-27\,800}$,因此只能非自发形核,非自发形核的平衡条件为

$$\sigma_{s-l} = \sigma_{s-g} + \sigma_{l-g}\cos\theta \qquad (2.4.5)$$

$$\cos\theta = (\sigma_{s-l} - \sigma_{s-g})/\sigma_{l-g} \qquad (2.4.6)$$

因为 $\sigma_{s-g} > \sigma_{s-l}$,$\sigma_{s-g} > \sigma_{l-g}$,所以 $\cos\theta < 0$,因而形核功很小,易在氧化铝夹杂上形核生成气泡。

设有一铸件凝固时,原始含氢量 $c_0 = 0.4$ cm³/100 g,结晶速度 $v_K = 1$ cm/s,氢气在金属液中的扩散系数 $D = 0.21$ cm²/s,临界气体饱和溶解度 $S_1 = 0.12$ cm³/100 g,按式(2.4.2)算得 $\Delta x = 0.673\,963\,9$ cm。

在金属熔体中形成气泡的概率取决于氢分子的过饱度、是否有现成的异质形核基底、过饱和区域的大小及其在转变为固相之前的存在时间 $\Delta\tau$ 等,最大的过饱和就在凝固界面上,此处液相中的氢含量为 c_0/k。从式(2.4.2)可得

$$\Delta\tau = \Delta x/v_K = \frac{D}{v_K^2}\ln\frac{1-k}{k\left(\dfrac{S_1}{c_0} = 1\right)} = \frac{D}{v_K^2}\ln\frac{\dfrac{1-k}{k}}{\left(\dfrac{S_1}{c_0} - 1\right)}$$

令 $\eta = (1-k)/k$,则

$$\Delta\tau = \frac{D}{v_K^2}\ln\frac{\eta}{\dfrac{S_1}{c_0} - 1} \qquad (2.4.7)$$

从式(2.4.7)可见,$\Delta\tau$ 越大,允许气泡成长的时间越长,生成气孔的倾向越大,故 η 可作为生成气孔倾向的判据;分配系数 k 越小,η 越大。几种常用金属的 k 值中,铝合金的 k 值最小,故生成气孔的倾向最大。

从式(2.4.7)可知,$\Delta\tau$ 与 D、η、c_0 成正比,与 v_K^2、S_1 成反比,因此是一个包含五个参数的综合判据,更具普遍意义。

实例　设有一铸件凝固时,原始含气量 $c_0 = 0.4$ cm³/100 g,结晶速度 $v_K = 1$ cm/s,$S_1 = 0.69$ cm³/100 g,$D = 0.21$ cm²/s,$k = 0.053$。求生成气孔的倾向。

解：将数据代入式(2.4.7)中，有

$$\Delta\tau = \frac{0.21}{1^2}\ln\frac{17.87}{\dfrac{0.69}{0.4}-1} = 0.21\ln\frac{17.87}{\dfrac{0.69}{0.4}-1}$$

$$= 0.21\ln 24.65 = 0.21 \times 3.20 = 0.672\,988\,46(\text{s})$$

当冷却速度降至 $v_K = 0.5\ \text{cm/s}$ 时，用同样方法计算，可得：$\Delta\tau = 2.695\,855\,6\ \text{s}$。

今设计一组实验，测得一组与 $\Delta\tau$ 对应的针孔度的试样，可以作出图 2.4.2，求得不同针孔度的试样的临界 $\Delta\tau$ 值，进而可分析式(2.4.7)中的各个工艺参数。当合金牌号一定，S_1、D、η 也一定，c_0 可通过工艺措施控制，v_K 也就确定了。反之，要获得一定的针孔度的试样，可通过控制式(2.4.7)的 c_0、v_K 获得满意的结果。

2) 两颗晶粒或一个枝晶的两个枝晶臂相向成长

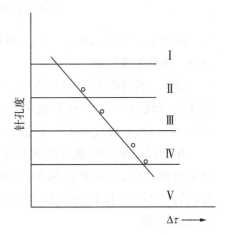

图 2.4.2　针孔度与 $\Delta\tau$ 的关系图

当两颗晶粒或一个枝晶的两个枝晶臂相向成长时，上述过程只能进行到结晶前沿之间的距离 δ 为止，此时金属液中的浓度场还没有相互起作用，当结晶前沿之间的距离为 $\delta_1(\delta_1<\delta)$ 时，从固相中挤出的氢气不能从前沿扩散出去，则氢气在界面附近区域的浓度将显著升高(见图 2.4.3)，在最后凝固的一份液体中氢气含量可能比原始含量高 $1\sim2$ 个数量级，气泡的临界半径、形核功极小，以至能自发形核、长大，生成气泡。因此，在最后一滴铝液凝固时，将在晶粒界面上或枝晶臂之间生成点状小气孔，形成"有气界面"(即在断口上出现"白点")，其厚度 δ_1 由下式决定：

$$\delta_1 = \frac{A_1 D}{v_K}\ln\frac{1-k}{k\left(\dfrac{S_1}{c_0}-1\right)} \tag{2.4.8}$$

式中，A_1 为与合金本性有关的比例常数，与三个因素有关，当合金元素降低氢在固态金属中的溶解度、出现合金成分过冷、凝固区域大时，$A_1>1$。

随着金属液中氢浓度的增大，有气界面厚度 δ_1 将按如图 2.4.3 所示和式(2.4.8)计算所得的曲线增大。

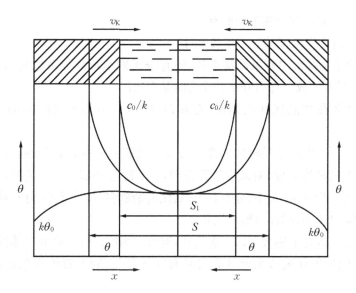

**图 2.4.3　两颗晶粒或一个枝晶的两个枝晶臂
相向成长时晶界上氢的聚集模型**

有学者曾以 B93、B45、AMr6 等为对象进行了实验测定，先浇入水冷铜平板模内，不侵蚀测定了的晶界厚度。以图 2.4.4 为例，计算数据来自 AK6 合金，与实验数据相符，计算所得曲线的初始段并不反映真实情况，因为不仅是氢，还有其他合金元素和杂质对其有影响，实际曲线应取点线那一段。

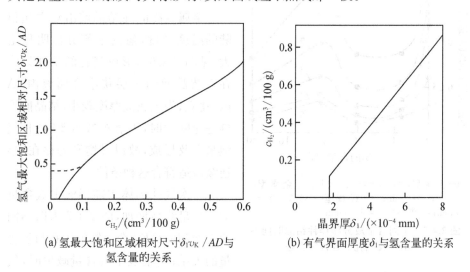

(a) 氢最大饱和区域相对尺寸 $\delta_1 v_K / AD$ 与
氢含量的关系

(b) 有气界面厚度 δ_1 与氢含量的关系

**图 2.4.4　氢最大饱和区域相对尺寸 $\delta_1 v_K / AD$ 和
有气界面厚度 δ_1 与氢含量的关系**

其他合金元素和杂质的影响有：

（1）提高或降低氢的分配系数 k_H；

（2）除了结晶前沿有氢的富集外，还有按元素本身分配系数的元素重新分配过程，金属液的成分在离开结晶前沿时是变化的；

（3）合金在结晶区间内结晶，存在两相区，它不容易去除结晶时析出的氢气。

以上讨论未考虑结晶时的外部压力及形成氢的过饱和倾向，前者增大氢在固态金属中的过饱和度，对减少气孔有利，后者除与外部压力有关外，还与金属液中的氧化夹杂含量、大小、分布有关；氧化夹杂越多、尺寸越小、分布越均匀，氢的过饱和倾向越小，越容易形成气孔。

许多学者研究了铝合金的一次气孔，通常分为收缩性气孔和气体性气孔，但区分是有条件的，生成收缩性气孔时必有氢气参与，同时收缩现象也促使形成气孔。

3）合金成分、结晶温度范围、冷却速度对形成气孔的影响

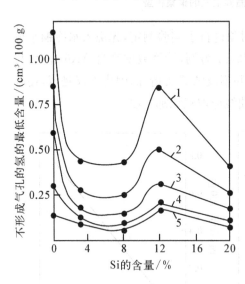

结晶特点明显与合金成分有关，结晶温度范围小的合金形成气孔的倾向小，反之，形成气孔的倾向大。如图2.4.5所示，为不同合金成分和铸件结晶时间下不形成气孔的容许氢含量。

金属急冷时在结晶前沿建立起很陡的温度梯度，氢的平衡分压明显增大（见图2.4.6），形成气孔的条件只能在沿结晶面的一层狭小金属液内（A区）建立；当金属液厚度较小，结晶前沿推进速度大时，因氢扩散需要时间，气泡来不及形成，故以过饱和态存在，半连续铸造符合这种条件。

一次气孔的体积随铝液中氢含量的增加呈线性增加，图2.4.7为以不同速度冷却的AK8合金锭的气孔与氢含量的关系；当铝液中氢含量减少时，气

1—金属型，20℃，$\tau = 0.2$ min；2—金属型，450℃，$\tau = 2$ min；3—石墨型，300℃，$\tau = 4$ min；4—湿砂型，$\tau = 6 \sim 8$ min。

图 2.4.5　不同合金成分和铸件结晶时间下不形成气孔的容许氢含量

孔变小并达到某一氢的临界浓度时消失。含量低于临界值的氢存在于过饱和固溶体中，不出现一次气孔。

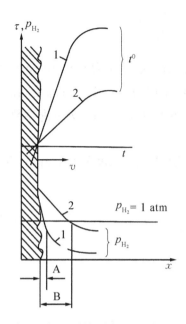

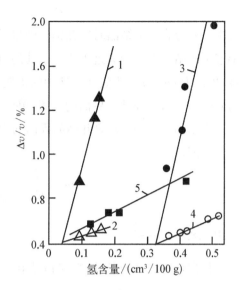

1—高速冷却；2—缓慢冷却；A、B 为具备生成氢气条件的金属液层。

图 2.4.6　温度和溶解氢的平衡分压沿铸件凝固界面上的分布图

1、2、3、4—ϕ90 mm 的铸锭（1、2 氧化夹杂含量为 0.01%，锭模中冷却、水冷；3、4 氧化夹杂含量为 0.001%，锭模中冷却、水冷）；5—ϕ360 mm 的铸锭（氧化夹杂含量为 0.01%，水冷）。

图 2.4.7　氢含量、氧化夹杂含量在不同冷却速度下凝固时对 AK8 合金形成气孔的影响图

氢的临界值与金属中氧化夹杂的含量有关，存在悬浮状的氧化夹杂时（见图 2.4.7 中的曲线 1、2、5），不形成气泡时氢的临界值为 0.05～0.06 cm³/100 g，而与铸锭的冷却速度无关。结晶速度的影响仅仅在于，导出过热热量和凝固速度越慢，则在氢含量增加时气孔体积增大越快。精炼脱氢后，氢的临界含量增大，难以生成一次气孔（见图 2.4.7 中的曲线 3、4）。

文献中发现，在 A99 的高纯铝中很难形成气孔，只有氢含量 ≥ 0.4 cm³/100 g 时才出现气孔，而工业纯铝中氢含量为 0.1 cm³/100 g 时就出现气孔。这是由于高纯铝中缺少能作为气泡核心的氧化夹杂，而工业纯铝中的氧化夹杂在凝固过程中被结晶前沿推向晶界处，在晶界上形成气孔。

2.4.2　铝铸件中形成气孔的条件

当气泡临界半径 $R_{KR} \geqslant 0$ 时，氢气泡能生成，此时氢浓度用 c_L 表示；因氢的分配系数 k 很小（0.052），氢将在结晶前沿按下式分布：

$$c_L = c_\infty \left[1 + \frac{1-k}{k} \exp\left(-\frac{v_K}{D} x \right) \right]$$

式中，c_L 为非平衡结晶时氢在铝液中生成气泡的浓度，单位为 $cm^3/100\ g$；c_∞ 为铝液中离结晶界面距离远大于 R_{KR} 处的氢浓度，单位为 $cm^3/100\ g$；v_K 为结晶速度，单位为 cm/s；D 为氢在铝液中的扩散系数，单位为 cm^2/s；k 为分配系数，值为 0.052；x 为离开结晶界面的距离，单位为 cm。

当结晶速度为 v_K、离开结晶界面的距离等于 R_{KR}、氢浓度不大于 c_L 时，并不产生气泡：

$$v_K = \frac{D}{R_{KP}} \ln \left[\frac{18.2 c_\infty}{c_L - c_\infty} \right] \tag{2.4.9}$$

式中，$18.2 = \dfrac{1-k}{k}$。

根据热力学平衡条件，气泡临界半径 R_{KR} 为

$$R_{KR} = \frac{2\sigma \times 10^2}{\left(\dfrac{c_L}{c_0} \right)^2 \times 10^5 - p_a - 2.5 \times 10^4 h} \tag{2.4.10}$$

式中，c_0 为氢在铝液中的溶解度，单位为 $cm^3/100\ g$；p_a 为大气压力，单位为 Pa；h 为气泡离液面深度，单位为 m；σ 为铝液表面张力，单位为 N/m。

将式(2.4.10)代入式(2.4.9)中，得

$$v_K = \frac{D \times 10^{-2}}{2\sigma} \left[\left(\frac{c_L}{c_0} \right)^2 \times 10^5 - p_a - 2.5 \times 10^5 h \right] \ln \left[\frac{18.2 c_\infty}{c_L - c_\infty} \right] \tag{2.4.11}$$

根据平方根定律，计算在速度为 v_K 时的铸件厚度：$x = K\sqrt{\tau}$，其中 K 为凝固系数。

$$v_K = \frac{dx}{d\tau} = \frac{k}{2\sqrt{\tau}} \tag{2.4.12}$$

由式(2.4.12)得：$\tau = \dfrac{x^2}{k^2}$，$v_K = \dfrac{k^2}{2x}$。

在铸件壁上，x 等于半径 R，即厚度 δ 的一半，则 $v_K = K^2/2R = K^2/\delta$，$\delta = K^2/v_K$。将 δ 代入式(2.4.11)中得

$$\delta = \frac{2\sigma k^2}{D \times 10^{-2}\left[\left(\dfrac{c_L}{c_0}\right)^2 \times 10^5 - p_a - 2.5 \times 10^4 h\right]\ln\dfrac{18.2c_\infty}{c_L - c_\infty}} \qquad (2.4.13)$$

根据式(2.4.13)用计算机计算了不同 h、S_0 时的 δ，计算时设定的条件为

(1) 凝固时大气压力 $P_a = 10^5$ Pa；

(2) $c_\infty = 0 \sim 0.24$ cm³/100 g；

(3) 氢在纯铝液中的溶解度 S_0 为 1 cm³/100 g，AK10 中 S_0 为 0.82 cm³/100 g，AL23 - 1 中 S_0 为 2.5 cm³/100 g；

(4) 氢在纯铝中的扩散系数 D 为 1.2×10^{-1} cm²/s，AK10 中 D 为 5.8×10^{-3} cm²/s，AL23 - 1 中 D 为 1.5×10^{-2} cm²/s；

(5) 表面张力 σ 的数据：纯铝为 0.9 N/m，AK10 为 0.77 N/m，AL23 - 1 为 0.5 N/m；

(6) 浇注结束时的温度为 973 K；

(7) R_{KR} 处的温度为 973 K；

(8) 由于不平衡结晶，c_L 始终达不到 c_∞/k，对于纯铝、AK10，c_L 取 1.5 cm³/100 g，对于 AL23 - 1，c_L 取 3.0 cm³/100 g；

(9) 当纯铝、AK10、AL23 - 1 为金属型铸造时，凝固系数 $K = 0.4$ cm/s⁰·⁵。

分析图 2.4.8 和图 2.4.9，得到两个重要结论：

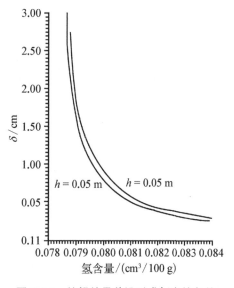

图 2.4.8　纯铝结晶前沿形成气泡的条件

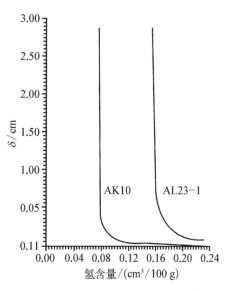

图 2.4.9　AK10、AL23 - 1 铝合金结晶前沿形成氢气泡的条件

（1）在纯铝及铝合金中生成气孔时，气泡上的金属液柱压力影响不大，即气孔在 0.05 m 或 0.5 m 深处的生成条件相差无几（见图 2.4.8）；

（2）在下列情况下铸件不会产生气孔：① 当壁厚≤1 mm，浇注前合金中任何氢浓度都不会产生气孔；② 当 AK10 的氢浓度＜0.08 cm³/100 g、AL23-1 的氢浓度＜0.16 cm³/100 g 时，无论铸件壁有多厚，都不会产生气孔。

第 3 章
铝液脱氢净化原理、工艺及脱氢净化效果检验

1925 年,S. L. Achibutyi 发表了铝液除气、提高铸件质量的学术论文,介绍了通氯气脱氢净化的化学反应方程式及处理工艺。1943 年,W. Geller 发表了首次采用 C_2Cl_6 代替氯气脱氢的学术论文,以后陆续提出了采用不同模式的铝液净化理论,从化学反应中的热力学到动力学角度,建立起完整的脱氢理论,总结认定,气泡尺寸是决定"浮游法"脱氢效率的重要因素,脱氢工艺从单管脱氢向旋转喷吹脱氢发展,脱氢机制从"浮游法"到喷雾法脱氢,显示了人们认识铝液脱氢理论、工艺的深化过程。

1980 年,国防工业出版社出版的、由黄良余主编的《铸造有色合金及其熔炼》首次较系统地介绍了铝合金熔炼工艺理论基础。随后,笔者编写了《铸造合金及其熔炼》中的第三篇"有色合金"。其中,"铝合金熔炼小结"介绍了已在国内铸造界取得广泛共识的"防、排、溶"三原则,这是保证提高铝合金铸件质量的综合性技术指导原则。在严防一切杂质及既定铸造工艺条件下,"排"除各种形态的杂质便成为铸造工作者的重大研究课题。

3.1 铝液惰性气体净化

铝液常用的净化脱氢方法是"浮游法",通入惰性气体,气泡在铝液中上浮时借助存在于铝液和惰性气泡之间氢气的分压差脱氢。操作中发现惰性气泡尺寸明显影响脱氢效果,如图 3.1.1 所示,因而广泛采用脱氢效率很高的旋转喷吹法脱氢:借助转动螺旋桨,惰性气体被剪切成细小气泡,均匀地分布在铝熔体中,上浮时带走氢气,改善了净化脱氢效果。最新的喷雾净化脱氢理论则开辟了新途径,与旋转喷吹法净化脱氢把惰性气体吹入铝液相反,它是把铝液雾化成细小的液滴后,喷射入高温净化气体中,为进一步提高脱氢效果打开新途径。

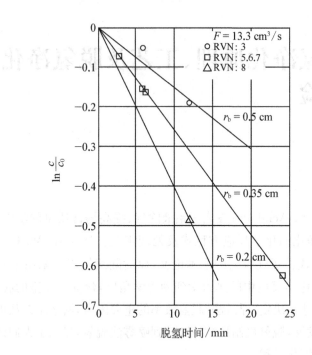

F—精炼气体流速；RVN—精炼炉次。

图 3.1.1 气泡尺寸对脱氢效率的影响

3.1.1 Robert D. Pehlke 的净化除气理论

1）净化除气方程式

Robert D. Pehlke 在 1962 年发表的铝液脱氢的文献中，给出了铝液通入惰性气体净化除气方程式。

假定铝液中氢的传递只限于通过铝液液面，则一个惰性气体气泡所带走的氢气可用下式表示：

$$\mathrm{d}n_g / \mathrm{d}t = -k_L a_b (c_B - c_M) \tag{3.1.1}$$

式中，n_g 为被除去的氢的物质的量；t 为净化时间，单位为 s；k_L 为物质传递系数，单位为 cm/s；a_b 为气泡-铝液的接触面积，单位为 cm^3；c_B 为气泡内表面附近氢的浓度，单位为 mol/cm^3；c_M 为铝液中氢的浓度，单位为 mol/cm^3。

在大气中将净化精炼管插入有铝液的坩埚中，这样产生的惰性气体气泡将通过液面进入大气，带走的氢按 Fick 定律可用下式表示：

$$\mathrm{d}n_g / \mathrm{d}t = DA_s \frac{\mathrm{d}c_g}{\mathrm{d}x} \tag{3.1.2}$$

式中，D 为溶于铝液中氢的扩散系数；A_s 为铝液的自由表面积，单位为 cm^2。

经整理后得 Robert D. Pehlke 公式：

$$\ln[c/c_0] = -\left[\frac{DA_s}{\delta v_M} + \frac{3K_L F \tau_r}{r_b v_M}\right]t \tag{3.1.3}$$

式中，c_0、c 为铝液中脱氢前、后氢的浓度，单位为 $cm^3/100\ g$；D 为溶于铝液中氢的扩散系数；A_s 为铝液自由表面积，单位为 cm^2；K_L 为传质系数；F 为通入惰性气体的速度，单位为 cm^3/s；τ_r 为气泡上升液面所需的时间，单位为 s；T 为脱氢时间，单位为 s；r_b 为气泡半径，单位为 cm；δ 为铝液和大气边缘层的厚度，单位为 cm；$v_M = n_g/c_g$。

2）实验结果讨论

（1）按 Ransley 的数据，700℃、1 atm 时氢在纯铝液中的平衡浓度为 8×10^{-7}，800℃、1 atm 时氢在纯铝液中的平衡浓度为 1.5×10^{-6}，净化除气后，测得的全部纯铝试样中氢的浓度都超过平衡浓度。

（2）平衡除气的否定。根据氩气的用量计算了铝液中剩余的氢，如图 3.1.2 所示，发现单位时间内，氩气消耗量所能除去铝液中氢的实验数据（直线）比根据平衡条件下计算的（曲线）少得多。因此铝液通氩气净化除气是非平衡过程，即离开液面的气泡中的氢气浓度比按平衡公式 $2[H] \rightarrow 2H_{ads} \rightarrow H_2$ 计算少得多。

（3）式（3.1.3）显示了脱氢后铝液的氢含量与气泡直径 r_b 及其他参数之间的关系，气泡直径 r_b 越小，脱氢效果越好。

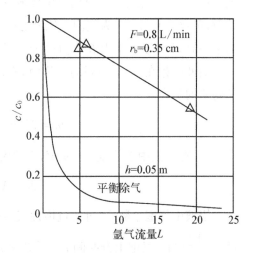

图 3.1.2　平衡除气结果和实验数据比较

3.1.2　安德烈耶夫(А. Д. Андреев)铝液净化公式

1）铝液净化公式

1970 年前，安德烈耶夫推出铝液吹惰性气体净化脱氢公式，净化脱氢过程由下列环节组成。

（1）铝液中的氢原子扩散转移到铝液-惰性气体气泡的界面上；

（2）吸附在铝液-惰性气体气泡的界面上的氢原子按下列反应式结合成氢

分子：

$$2[H] \rightarrow 2H_{ads} \rightarrow H_2 (下标 ads 代表吸附)$$

（3）气态的氢分子进入惰性气体气泡内；

（4）吸附着氧化夹杂的气泡上浮，经熔池表面逸出时把氢分子、氧化夹杂带出熔池。

前面三个环节，随着气泡的上升是连续进行的。根据铝液中冶金反应的扩散动力学，限制整个过程速度的是氢原子在铝液中的质量传递。惰性气体和铝液相互间以一定速度移动，由于存在浓度梯度，溶于铝液中的 H_2 向气泡方向扩散，按照液体介质中质量传递的一般原理，建立下列方程式。

一个气泡的传质方程：

$$-\mathrm{d}n = \beta F_K (S - S_P) \mathrm{d}\tau \tag{3.1.4}$$

式中，"$-$"表示氢的运动方向是浓度减少的方向；n 为 H_2 的物质的量；β 为传质系数，单位为 m/s；F_K 为气泡和铝液之间的接触面积，即气泡表面积 $4\pi r^2$；c、c_P 为某一时刻 τ，铝液中铝液-气泡界面上 H_2 的浓度。

铝液中存在 N 个相同的气泡时，在净化时间 $\Delta\tau$ 内从铝液进入气泡的 H_2 的物质的量为

$$-\mathrm{d}n = N\beta F_K (c - c_P) \mathrm{d}\tau \tag{3.1.5}$$

H_2 在铝液中的浓度 $c = n/V$，V 为铝液的体积，则有：

$$\mathrm{d}n = V\mathrm{d}S \tag{3.1.6}$$

铝液中气泡个数 N 可通过惰性气体在单位时间内的消耗率 Q、气泡体积 V $\left(V = \dfrac{4}{3}\pi r^3\right)$、气泡上升时间 t 计算出来：

$$N = kQt \bigg/ \left(\frac{4}{3}\pi r^3\right) \tag{3.1.7}$$

式中，k 为考虑惰性气体进入铝液后的体积膨胀系数，$k = \dfrac{T}{273} \cdot \dfrac{P_a}{P}$；$T$ 为绝对温度，单位为 K；p_a 为大气压力，单位为 atm；p 为惰性气体压力，单位为 atm；r 为惰性气泡半径。

将式（3.1.6）和式（3.1.7）的结果代入式（3.1.5）中，简化后可得微分方程：

$$-\,\mathrm{d}n = -V\mathrm{d}S = \beta(c - c_\mathrm{P})4\pi r^2 kQt \Big/ \left[\left(\frac{4}{3}\pi r^3\right)\mathrm{d}\tau\right] \qquad (3.1.8)$$

式中，τ 为除气时间，单位为 min。

近似地假定，惰性气体的消耗率 Q 为常值；由于气泡上升速度大，而氢气的扩散速度小，氢气在铝液-气泡界面上的浓度变化不大，c_P 趋近于常值；气泡半径 r 在上浮时的变化也可忽略不计（经计算，气泡在铝熔池中离表面 0.7 m 处生成，上浮至表面半径仅增大 5%）；根据实测，净化时，氩气泡中因扩散进入氢气而体积膨胀的幅度很小；氩气在净化管道内来得及加热到铝液的温度，因此可以不考虑体积膨胀系数 k；一般情况下，熔池内各处温度是基本均匀的；净化管在熔池中的出口位置不变，则气泡上升时间 t、上升速度也不变。

解微分方程(3.1.8)，得

$$-\ln(c - c_\mathrm{P}) = 3\beta kQt\,\frac{\tau}{Vr} + C'$$

积分常数 C' 由边界条件确定：$\tau = 0$ 时，$c = c_0$

$\therefore C' = -\ln(c_0 - c_\mathrm{P})$，代入式(3.1.8)得

$$\ln\frac{c_0 - c_\mathrm{P}}{c - c_\mathrm{P}} = 3\beta kQ\,\frac{t}{Vr}\tau \qquad (3.1.9)$$

式(3.1.9)就是惰性气体净化除气的基本公式，它包含了 10 个工艺参数，其中包括铝液原始 H_2 含量 c_0、铝液容积 V、惰性气体在单位时间内的消耗率 Q、惰性气体进入铝液后的体积膨胀系数 k。根据实测，精炼时氢气泡中因扩散进入氩气而体积膨胀的幅度很小，氩气在精炼管道内来得及加热到铝液的温度，因此可以不考虑体积膨胀系数 k。

需要计算的有惰性气体气泡半径 r、气泡上升时间 t、传质系数 β 及铝液-气泡界面上 H_2 的浓度 c_P。确定了这些参数的数值后，可以得到 $c = f(\tau)$，求出净化过程中不同时刻铝液中的含气量。将式(3.1.9)改写为

$$c = \frac{c_0 - c_\mathrm{P}}{\exp\left(\dfrac{3\beta kQt\tau}{Vr}\right)} + c_\mathrm{P} \qquad (3.1.10)$$

从式(3.1.10)可知，β、k、Q、t、τ 越小，V、r 越大，则 c 越大，净化效果越差。当 $3\beta kQt\tau/Vr \to 0$ 时，$\exp(3\beta kQt\tau/Vr) \to 1$，$c \to c_0$，即几乎没有净化效果；反之，$\exp(3\beta kQt\tau/Vr) \to \infty$ 时，$c \to c_\mathrm{P}$，即 c_P 为净化能达到的极限浓度。

2) 各个参数的计算

(1) 惰性气体气泡半径 r。先分析自通惰性气体的净化管中逸出的惰性气体气泡所受的压力 p。设净化管的直径为 D,惰性气体出口处离液面的距离为 h,铝液的密度为 ρ。当惰性气体气泡中的压力 p 大于等于气泡所受外部压力的总和 p_h 时,气泡才能长大:

$$p \geqslant p_h = p_a + \rho g h + 2\sigma/r \tag{3.1.11}$$

式中,σ 为铝液的表面张力,700℃时铝液的表面张力约为 0.05 N/cm;R 为深度 h 处气泡的曲率半径,单位为 cm;G 为重力加速度,单位为 m/s²。

式(3.1.11)中最后一项,r 在 $1 \sim 10$ mm 时是很小的,可忽略不计,当 $h = 0.7$ m,$\rho = 2.36$ g/cm³,第二项也可不计。

气泡是从平板状的基底上生成、逸出的,则在气泡逸出的基底截面上可建立下列平衡式:

$$\pi d\sigma_{\vdash g}\sin\theta + (\pi d^2/4)p_h = W(\rho - \rho')g + (\pi d^2/4)p \tag{3.1.12}$$

式中,W 为气泡体积,即 $\frac{4}{3}\pi d^3$,单位为 cm³;θ 为气泡和基底之间的润湿角;ρ' 为气泡密度,单位为 g/cm³;p 为净化管内压力,单位为 Pa。

式(3.1.12)中的 $\pi d\sigma_{\vdash g}\sin\theta$ 是由表面张力引起的阻止净化管中气泡表面张力的垂直分力;$(\pi d^2/4)p_h$ 是作用在气泡和净化管接触的截面上的外界总压力,方向朝下;右边 $W(\rho - \rho')g$ 是气泡的上浮力;$(\pi d^2/4)p$ 是净化管中作用于气泡的总压力,方向朝上。能产生气泡时,可认为 $p \geqslant p_h$,$\theta = 90°$,从式(3.1.12) 求得

$$d = (1/2)\sqrt{\sigma_{\vdash g}\sin\theta/[(\rho - \rho')g]} , \quad p \geqslant p_h \tag{3.1.13}$$

由于气泡不是球,求气泡的最大半径 R 时,通常取 $\theta = 90°$,则

$$R = \frac{1}{4}\sqrt{\frac{3\sigma_{\vdash g}\sin\theta}{(\rho - \rho')g}}$$

气泡半径 r 可先计算图 3.1.2 中气泡的实际体积后求得。

当增大净化管内压力 p 时,$W(\rho - \rho')g$ 可相应缩小,即气泡当量半径 R 变小,仍能满足式(3.1.12),使气泡上浮。如惰性气体在单位时间内的消耗率 Q 不变,气泡个数增加,即频率 f 增大,当 p 增大到某一数值时,f 达到临界频率,气泡连成一串气流,称为"合泡"现象,降低了气泡的总面积,净化效果下降;利用激

光数字测频,测得临界频率 f^0,进而可选择特定温度下的最佳工艺参数 p。

　　分析图 3.1.3 所示的气泡自基底截面逸出时最大半径 R 和净化管直径 D 的关系:设净化温度 T 为 700℃,净化管插入深度 h 为 0.7 m,$p \geqslant p_h$(气泡开始逸出的压力),$\theta = 90°$,随着 D 的增大,R 也会增大,但 $R^3 \backsim D$,图 3.1.4 为气泡的最大半径 R 和净化管直径 D 的关系曲线,可见 R 的增大速度较慢。

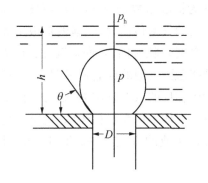

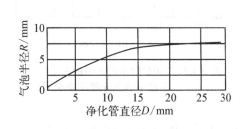

h—液柱高度;D—净化管直径;p—气泡压力。

图 3.1.3　气泡自基底截面逸　　　图 3.1.4　气泡最大半径 R 和净化
出时的平衡状态　　　　　　管直径 D 的关系曲线

　　(2) 气泡上升时间 t。气泡上升时间 t 由净化管插入深度 h 和气泡上升速度 v 所决定,可根据气泡不同半径用的专门公式求得,如表 3.1.1 所示。

表 3.1.1　气泡上升时间

雷诺数 Re	气泡半径 R/mm	气泡上升速度 v/(mm/s)	备　注
$Re < 1$	$R \leqslant 8 \times 10^{-2}$	$v = \dfrac{1}{3} g R^2 / \nu^2$	小气泡上升
$1 < Re < 70$	$R \leqslant 0.5$	$v = \sqrt{\dfrac{gR}{0.9} \times 2}$	$Re = 70$ 时气泡不呈球形
$Re > 80$	$R > 5$	$v = 4\sigma^2 g / (\alpha \rho^2 R)$	变了形的气泡上升速度和气泡的半径无关

注:ν 为铝液动力黏度系数;$\alpha \approx 30$。

　　700℃时,根据计算结果,不同大小的气泡在铝液中的上升速度如图 3.1.4 所示。

　　气泡在上升时变化很小,$t = h/v$,从图 3.1.5 可知,在反射炉中惰性气体的

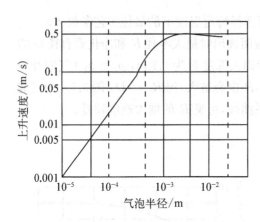

图 3.1.5 700℃时不同大小的气泡在铝液中的上升速度曲线

气泡($R=3\sim10$ mm)和铝液的接触时间为 $0.5\sim1.3$ s，$v=0.6$ m/s，$h=0.25\sim0.65$ m。

（3）传质系数 β。在静止条件下，按 Fick 定律，传质系数 $\beta=D/\delta$，D 为扩散系数，δ 为边界层厚度。向运动的气泡传质时，气泡的扩散边界层厚度 δ 随时间、空间而变化：在铝液接触到气泡的点上时，δ 最小；在接触到相反的点上时，δ 最大。此外，溶解的气体不但靠扩散去除，也可用搅拌金属液的方法除去。T. Kraus 计算了溶解气体进入气泡的传质系数 β：

$$\beta=\frac{Dv}{\sqrt{2R}} \qquad (3.1.14)$$

式中，D 为扩散系数；v 为气泡上升速度；R 为气泡半径。

由于没有 700℃ 时的扩散系数，采用 Ransley 的数据并外推到 700℃，$D\approx10^3$ cm²/s。$R=3\sim10$ mm 时，按式(3.1.14)计算，得 $\beta=0.1\sim0.15$ cm/s，而 R. D. Pehlke 测得铝液吹氮中 700℃ 时的 $\beta=0.039$ cm/s，两者相差 $3\sim5$ 倍，看来这是由于气泡壁上有一层氧化膜，阻止了物质的传递。另外，推导式(3.1.14)时，有一系列假定，所取 $D\approx10^3$ cm²/s 也有误差，因此 R. D. Pehlke 测得的数据比较可靠。

（4）H_2 在铝液-气泡界面上的浓度 c_P。在生产条件下，向铝液中吹入惰性气体时，扩散进入气泡的氢气并不多，不超过气泡总体积的 $0.049\%\sim0.2\%$，故气泡在铝液中的时间 t 内停留时，来不及建立起铝液中溶解态 H_2 分压与气泡中 H_2 分压的平衡，因此，惰性气体气泡逸出铝液表面时，没有完全发挥净化作用。

假定气泡的压力 $p_b=1$ atm，则 H_2 在气泡中的最大分压 $p_{H_2}=0.002$ atm，这个分压决定了 H_2 在铝液-气泡界面上的浓度 c_P（认为在界面上的平衡是瞬时完成的，扩散过程不受传质系数的限制）。已知 700℃ 时 H_2 在铝液中的溶解度 $S=0.92$ cm³/100 g，则

$$c_P=S\sqrt{p_{H_2}}=0.92\sqrt{0.002}\ \text{m}^3/100\ \text{g}=0.04\ \text{cm}^3/100\ \text{g}$$

以上分析了气泡半径 R、气泡上升时间 t、传质系数 β、H_2 在铝液-气泡界面上的浓度 c_P 及其计算方法,式(3.1.10)就可以计算结果。

(5) 净化铝液所需惰性气体量 L。为了把铝液中的 H_2 降至式(3.1.10)中的 c,消耗的惰性气体量 $L=Q\tau$,气泡上升时间 $t=h/v$,代入式(3.1.10)中得(h 为气泡到液面的距离):

$$L=\frac{VRv}{3hk\beta}\ln\frac{c_0-c_P}{c-c_P} \tag{3.1.15}$$

在生产条件下,气泡半径 R 小于 3 mm,气泡上升速度 v 几乎不变,700℃时 $v\approx0.5$ m/s,代入式(3.1.15)中并换算成以 10 为底的对数,得:

$$L=(0.4VRv/3hk\beta)\lg\frac{c_0-c_P}{c-c_P} \tag{3.1.16}$$

从式(3.1.16)可得下列结论。

(1) 吹氩气净化精炼时,精炼管浸入深度 h 要大,尽可能靠近熔池底部,可以节省氩气。

(2) 当铝液体积 V 一定,净化效果相同时,氩气消耗量 L 随熔池变浅而呈线性增大,故最好能在较深的熔池内净化铝液。

(3) 净化管空洞越小,气泡半径越小,净化效果越好。

(4) 惰性气体中含有水蒸气和氧气时,吸附在惰性气体气泡壁上的氧化膜降低传质系数 β,水蒸气和铝液反应增加气泡中氢气的分压,提高了氢气在铝液-气泡界面上的浓度 c_P,将降低净化效果。

(5) 提高铝液温度,一方面能提高传质系数 β,但同时会降低铝液黏度系数 η,使气泡上升速度 v 增大,减少气泡和铝液接触时间,恶化传质条件,当惰性气体气泡中氢气的分压 p_{H_2} 不变时,将升高 c_P,因此情况较复杂。氢气在气泡中的最大分压 $p_{H_2}=0.002$ atm,根据相关测定数据,c_P 和温度的关系如表 3.1.2 所示。由表可见,总的趋势是 c_P 随温度升高而增大,达到 c_P 净化极限值,净化效果下降,$\lg\dfrac{(c_0-c_P)}{(c-c_P)}$ 也随之增大,L 也相应地增加。

表 3.1.2　c_P 和温度的关系

净化温度/℃	600	700	725	750	800	850
$c_P/(\text{cm}^3/100\text{ g})$	0.031	0.041	0 048	0.055	0.075	0.095

（6）能和气泡中的氢气起化学反应的活性气体如 Cl_2、C_2Cl_6 等,和氢气的反应速度比氢气扩散进入惰性气泡的速度要快得多,如果 Cl_2、C_2Cl_6 等经过严格脱水,不含水蒸气,则在净化过程中 $c_P(\approx 0)$ 一直处于最低水平,从而提高净化效果,而且随净化温度的提高、熔池深度的增加而明显起来。图

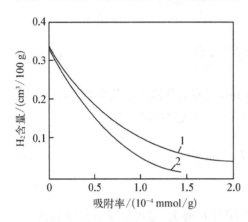

3.1.6 中所示为氯气净化（$c_P \approx 0$）、氩气净化（$c_P \approx 0.04$ cm³/100 g）时按式（3.1.16）计算出来的净化除气动力学曲线。比较曲线 1 和 2 可知,净化时,随净化气体的消耗增大,氯气净化的效果更明显。

图 3.1.6　氯气净化（$c_P \approx 0$,曲线 2）、氩气净化（$c_P \approx 0.04$ cm³/100 g,曲线 1）时按式（3.1.16）计算出来的净化除气动力学曲线

（7）由于净化除气过程中起决定作用的不是惰性气体的质量而是气体的体积和它的分散程度（气泡的数量、大小）。因此,当分析除气的效果时,惰性气体的消耗量随惰性气体的密度降低而减少;惰性气体的密度、体积如表 3.1.3 所示。

表 3.1.3　惰性气体的密度、体积一览

	He	Ne	N_2	Ar	Cl_2	Kr	Xe
密度 ρ/(kg/m³)	0.178	0.9	1.251	1.782	3.217	3.74	5.89
体积质量比/(m³/kg)	5.618	1.11	0.799	0.561	0.311	0.267	0.170
相对原子质量	4.05	20.18	14.00	39.94	35.45	83.8	131.3

（8）净化脱氢效率 η。按式（3.1.15）计算出来的惰性气体的消耗量 L 只适用于净化过程中,铝液所有体积都受到净化作用,计算数据和实测总会有偏差,可用效率 η 来表达这种偏差:

$$\eta = \frac{L}{L_{ef}} \times 100\% \tag{3.1.17}$$

式中,L_{ef} 为实际消耗的惰性气体质量,单位为 m³/t 铝。

图 3.1.7 为在反射炉熔炼时按式(3.1.16)和式(3.1.17)计算所得的铝液的 H_2 含量与惰性气体消耗量的除气动力学曲线。曲线 1：当气泡中 H_2 的分压和铝液中的 H_2 的分压平衡时，只需少量惰性气体就能获得满意的结果；曲线 2：由式(3.1.15)计算所得，是气泡未被 H_2 饱和即逸出液面但全部铝液都经受净化的情况；曲线 3：当 $\eta = 30\%$ 时，按式(3.1.15)计算所得；曲线 4~8：实测所得，位置都在曲线 1、2 之上，说明在实际生产中 η 一般在 10%～30% 之间，可见惰性气体净化铝液的效果并不高。

细化气泡能改善与全部铝液的接触条件，增加与铝液接触的面积和时间，提高净化效率 η，如采用旋转喷吹工艺、深度过滤等先进方法，均能获得良好的效果。

由于采用近似计算方法，实际生产时受人为因素影响大，结果又不考虑热力学因素，上述理论仅供参考。

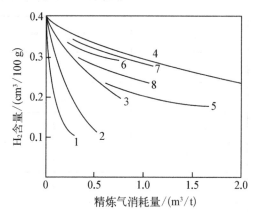

图 3.1.7　铝液的 H_2 含量与惰性气体消耗量的净化除气动力学曲线

3.1.3　G. K. Sigworth 的铝液净化除气研究

G. K. Sigworth 在 Opie、Grant Ransley、Neufeld Bauk、Oesterleu 等人研究的基础上，全面考虑了脱氢过程的热力学和动力学因素，研究了净化脱氢工艺过程。

1) 热力学因素(化学反应因素)分析

1 atm 下氢气在纯铝中的溶解度 S 为

$$\ln S = -5\,872/T + 6.033 \tag{3.1.18}$$

式中，T 为绝对温度。

$$\frac{1}{2}H_2(V) = [H](Al) \tag{3.1.19}$$

$$S = f_H \frac{c_{H_2}}{\sqrt{p_{H_2}}} \tag{3.1.20}$$

式(3.1.18)、式(3.1.20)可以计算铝和具有一定 H_2 压力的大气接触时的平衡值,指出 c_{H_2} 和 $\sqrt{p_{H_2}}$ 成比例,当 c_{H_2} 下降时,p_{H_2} 下降极快。重要的亨利活度系数 f_H 被引入式(3.1.20)中来计算不同元素(Si,Cu,Mg,Fe)对氢溶解度的影响,表 3.1.4 提供了一般合金的亨利活度系数。Si、Cu 降低了 H_2 在铝中的溶解度,而 Mn、Ni、Cr、Fe 没有影响,Mg 稍微提高了 H_2 在铝中的溶解度。

表 3.1.4　铝及铝合金中 H_2 的亨利活度系数

f_H	合 金 牌 号	合 金 成 分
1	356	纯铝
1.48	357	7%Si - 0.3%Mg
1.47	206	7%Si - 0.7%Mg
1.37	319	4.5%Cu
1.78	512	6%Si - 3.5%Si
1.05		2%Si - 4%Mg

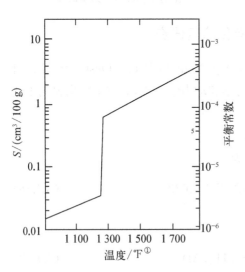

图 3.1.8　1 atm 时 H_2 在纯铝中的溶解度与温度的关系曲线

用 H_2 的质量分数 w_H 计算时,式(3.1.18)变为

$$\ln K = -5\,872/T - 3.284 \tag{3.1.21}$$

式中,K 是反应式(3.1.19)的平衡常数,且

$$K = f_H \frac{w_H}{\sqrt{p_{H_2}}} \tag{3.1.22}$$

H_2 在纯铝中的溶解度与温度的关系如图 3.1.8 所示,H_2 在固态铝中的溶解度只有 5%,其余 95% 的 H_2 在铝液凝固时脱出形成气泡。同样,说明吸氢时,温度每增加 110℃,H_2 浓度就翻倍。这是铝液高温时净化脱氢的特有现象。

① 1℃ = (1℉ - 32) ÷ 1.8。

　　由图 3.1.8 及式(3.1.20)可知重要的结论：脱氢得到的低含量不可能低于热力学意义上的溶解度所允许的最低含量。当把惰性气体通入熔炉底部，H_2 开始扩散进入惰性气泡，增大气泡中的氢气浓度，如果能脱除全部氢(脱氢效率 100％时，逸出铝液的气泡中的 p_{H_2} 和铝液中的 p_{H_2} 处于平衡状态)，则除去一定数量 H_2 所需要的惰性气体的体积可以根据氢的质量平衡很容易求得。熔炉中含有铝熔体的质量为 M，氢浓度和时间的关系如式(3.1.23)所示。

$$\frac{1}{w_H} - \frac{1}{w_{H_i}} = \frac{200 f_H^2 G}{MK^2} t \tag{3.1.23}$$

式中，t 为净化时间，单位为 s；G 为惰性气体流量，单位为 mol/s；w_H 为铝液中 H_2 的质量分数；w_{H_i} 为气泡表面净化前按式(3.1.22)计算的 H_2 的平衡质量分数；f_H 为亨利活度系数；M 为铝液质量，单位为 kg；K 为反应(3.1.19)的平衡常数。

　　由于惰性气泡小，动力学脱氢效率很高，可用式(3.1.23)计算净化脱氢速度。平衡常数 K 随温度 T 呈指数增加。说明脱氢要到满意的程度，铝液每升高 60℃，脱氢时间要增加一倍。用旋转喷吹法对 500 lb[①] 铝液在不同温度下净化脱氢的实验，证明了式(3.1.23)中温度对脱氢的影响。典型的 500 lb 铝液脱氢温度-时间关系如表 3.1.5 所示。

表 3.1.5　A356 合金旋转喷吹脱氢的温度-时间关系表

温度/℃	脱氢时间/min
704	5
732	7
760	9.5
788	14
816	19

　　由于铝熔体中的 H_2 浓度下降时，逸出铝熔体的惰性气泡中的 H_2 浓度下降，即铝液脱氢临近结束时，通入大量惰性气体只除去很少 H_2，这对提高净化脱氢效率具有指导意义。惰性气体用量和被除去的 H_2 量之比称为脱氢比 R：

------

① 　1 lb＝0.453 592 4 kg。

$$R = \frac{惰性气体用量}{被除去的\ H_2\ 量} = \frac{1 - p_{H_2}}{p_{H_2}} \tag{3.1.24}$$

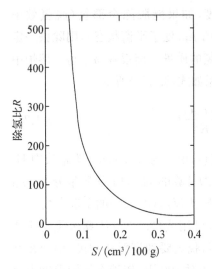

图 3.1.9 1 400 ℉ 铝液处于热力学平衡时的脱氢比 R

从图 3.1.9 中可知,要获得低的 H_2 浓度是很难的,大量的惰性气体只能带走少量的 H_2。因此,不可能实现 100% 脱氢。而当出现大尺寸的惰性气体气泡时,动力学因素将决定脱氢速度,发生搅拌和飞溅,脱氢效率要低得多,在温度高、潮湿气候时几乎没有净化脱氢效果。

2) 动力学因素分析

氢从铝液进入惰性气泡的速度,可分为以下几个阶段:

(1) 氢从铝液中因对流和扩散迁移到惰性气泡表面;

(2) H_2 从气泡表面扩散进入气泡内;

(3) 化学吸附,然后从气泡内表面解吸;

(4) H_2 在气泡内扩散;

(5) H_2 随气泡逸出铝液液面或炉壁。

阶段(2)速度最慢,阶段(5)最不重要。H_2 扩散进入气泡表面的速度是控制因素。有两个假设:

(1) 铝液充分搅拌均匀,H_2 分布均匀;

(2) 惰性气泡表面大小和在熔体中的高度无关,即气泡内的总压力不变。

假设(1)存在于大气脱氢工艺中,假设(2)不适用于真空熔炼。

惰性气泡在铝液中上升时,气泡中 H_2 浓度的变化如图 3.1.10 所示。

取与炉体垂直截面中脱氢反应区为 ΔH 的微元,建立一个氢从截面 ΔH 离开后进入气泡的质量平衡方程式,获得:

$$\frac{k\rho(w_H - w_{He})\Delta A}{100 m_H} = 2G\Delta\left[\frac{p_{H_2}}{p_{inert}}\right] \tag{3.1.25}$$

式中,k 为 H_2 通过气泡表面的扩散传质系数,单位为 m/s;m_H 为 H_2 的相对分子质量;ρ 为铝液密度,单位为 kg/m³;ΔA 是气泡的表面积(见图 3.1.10);$\Delta(p_{H_2}/p_{inert})$ 是惰性气体气泡在进、出 ΔA 时成分的增量;G 是惰性气体的摩尔流量,单位为 mol/s。H_2 的扩散驱动力为 $w_H - w_{He}$,其中,w_H 为 H_2 在铝液中

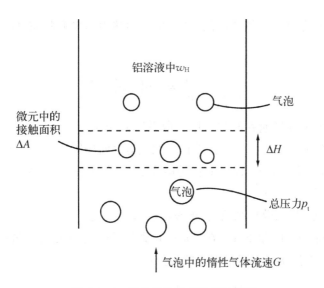

铝溶液中w_H

气泡

微元中的
接触面积
ΔA

ΔH

气泡

总压力p_t

气泡中的惰性气体流速G

图 3.1.10　气体净化反应微元示意图

的质量分数，w_{He} 为发生反应(3.1.19)时，惰性气泡表面 H_2 的平衡质量分数，其服从于反应式：

$$[\mathrm{H}] = \frac{1}{2}\mathrm{H}_2$$

因此，$\dfrac{w_{He} f_H}{K} = \sqrt{p_{H_2}}$。

由于阶段(3)(气泡表面 H_2 解吸)的速度快，可达到反应(3.1.19)的平衡；由于阶段(4)的速度快，所以 p_{H_2} 在整个气泡内是相等的。

H_2 进入气泡界面时采用扩散系数 $k(\mathrm{m/s})$，气泡表面积为 $A(\mathrm{m}^2)$，扩散驱动力为$(w_H - w_{He})$，发生如下反应：

$$[\mathrm{H}] = \frac{1}{2}\mathrm{H}_2 \tag{3.1.26}$$

此时有：

$$\frac{w_{He} f_H}{k} = \sqrt{p_{H_2}} \tag{3.1.27}$$

反应(3.1.26)属于阶段(3)，速度很快。阶段(4)也很快，H_2 通过气泡时，p_{H_2} 是相同的。ΔA 是图 3.1.10 所示的惰性气泡表面积，(p_{H_2}/p_{inert}) 是惰性气泡进入铝液及离开液面时的成分变化，G 是惰性气体的摩尔流量。

将式(3.1.25)从熔池底部惰性气体通入处积分到铝液液面可求得脱氢速度。

当扩散速度成为脱氢速度的极限(即远离热力学平衡状态)时,可获得脱氢速度的简单公式:

$$\frac{w_H}{w_{Hi}} = \frac{c_H}{c_{Hi}} = \exp\left(\frac{-k\rho A}{M}t\right) \tag{3.1.28}$$

式中,H_2进入惰性气泡界面时采用扩散系数k,单位为m/s;气泡表面积为A;扩散驱动力为$(w_H - w_{Hi})$;c_{Hi}是在惰性气泡表面按照反应(3.1.19)进行的H_2的平衡浓度,单位为$cm^3/100\ g$;c_H是铝液中H_2的浓度,单位为$cm^3/100\ g$;ρ为铝液密度,单位为kg/m^3。

3) 扩散控制、化学反应控制、混合控制三种模式

G. K. Sigworth 和 Engh 在 1982 年发表了适用于大气脱氢的方法,可由式(3.1.25)的积分获得一组量纲一的函数:

$$\frac{JK^2}{2f_H^2 w_H^2} = \frac{k\rho A p_{inert} K^2}{4 f_H^2 100 m_H G}\frac{1}{w_H} = \frac{\psi}{w_H} \tag{3.1.29}$$

这组量纲一的函数直接和逸出液面的惰性气泡的成分及惰性气体的除氢效率有关,如图 3.1.11 所示,当$\psi/w_H \leqslant 0.3$时,扩散速度控制脱氢速度,此时可采用式(3.1.28)。当$\psi/w_H \geqslant 2$时,由热力学平衡控制脱氢速度,适用式(3.1.23),在此之间,有一个过渡阶段。

真正影响惰性气体净化效率的是惰性气体气泡的半径,它影响式(3.1.29)中的反应面积A,减低气泡上升速度,气泡变小,$\dfrac{\psi}{w_H}$快速增大,净化效率随之快速趋向100%,如图 3.1.11 所示。

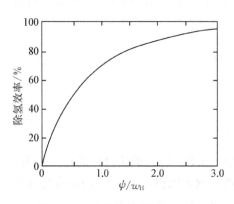

图 3.1.11 净化脱氢效率和 ψ/w_H 的关系曲线

为易于上述事实理解,提供一组熔炼 500 lb A356 合金的实验数据如下。

铝液温度:$1\ 400\text{℉}(1\ 033\text{℃})$;

$K = 1.28 \times 10^{-4}$;

$f_H = 1.48$;

$k = 6 \times 10^{-4}\ m/s$;

$\rho = 2\ 350\ kg/m^3$;

$G = 7.02 \times 10^{-6}\ mol/s$;

熔池高度 $h = 38.4\ cm$;

$c_H = 0.1\ cm^3/100\ g$ 或 $w_H = 8.90 \times 10^{-8}$。

图 3.1.10 中实线代表式（3.1.23）受热力学平衡限制，虚线代表式（3.1.28）受扩散速度限制。

惰性气体气泡半径有重大影响，半径大小决定惰性气泡面积 A，小气泡不仅增加惰性气泡面积，而且气泡上升速度也降低（见图 3.1.12）。

随着气泡变小，ψ/w_H 会增加很快，脱氢效率趋近 100%。

为了更好地显示脱氢效果，以 500 lb 的 A356 合金液脱氢为例进行了计算，计算结果和实验数据吻合得较好。

确定量纲一的 H_2 浓度，必须知道由惰性气泡半径决定的气泡表面积，同样大小的惰性气泡在铝熔体中以图 3.1.12 中

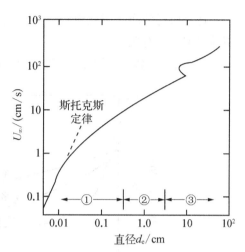

①—球形；②—椭圆形；③—圆柱形。

图 3.1.12　1 400℉时铝液中惰性气泡自由长大速度 U_∞ 和 3 种不同形状气泡的存在区域

所示的速度上浮，不和其他气泡干扰，则铝熔体中每分钟产生气泡的总数为 N，即

$$N = \frac{V}{\frac{4}{3}\pi R_b^3} \tag{3.1.30}$$

式中，V 为惰性气体在铝液中的流量，单位为 cm^3/s；R_b 为气泡半径，单位为 m。

按平均值计算，铝熔体中气泡总面积为

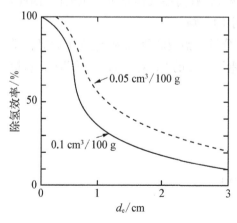

图 3.1.13　脱氢效率与气泡直径之间的关系

$$A = 4\pi R_b^2 N\tau = \frac{3Vh}{R_b U_\infty} \tag{3.1.31}$$

从图 3.1.12 中的 U_∞ 能计算出作为气泡半径的函数的量纲一 H_2 浓度 ψ/w_H。因此，我们能计算达到化学平衡的程度，计算结果如图 3.1.13 所示。从图中可看出，小尺寸气泡的重要意义，虽然 H_2 浓度下降，脱氢效率反而提高。

图 3.1.13 中的计算是大概值，因为每个气泡假定会长大（见图 3.1.12）。在大多数情况下，由于有对流，速度会更快。

计算所得的净化脱氢效率为惰性气泡尺寸的函数,即净化脱氢效率直接与惰性气泡大小有关。

图 3.1.14 比较了三种方法的净化脱氢效率:单孔管法、多孔管法、旋转喷吹法。

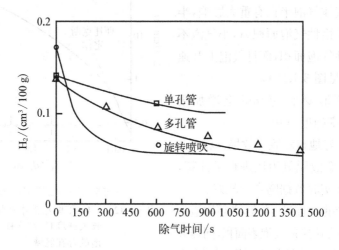

图 3.1.14　200 kg 铝液的三种脱氢效果比较

正确的理论分析可以计算最优的净化脱氢处理工艺,最重要的是确定惰性气泡尺寸,能提高净化脱氢效率,旋转喷吹法形成的气泡小,气泡从熔池底部就均匀地散开,脱氢效率可接近 100%。

有卤素存在时,传质系数 k 会提高 2 倍,如果净化脱氢过程属于传质速度控制,气泡很大时,氯气会提高脱氢效率;反之,惰性气泡很小,受热力学平衡控制,脱氢效率已接近 100%,传质系数并不重要,只有惰性气体总量是重要的,因此,卤素是没有效果的。这也验证了气泡大小的影响。

综上所述,G. K. Sigworth 等人全面分析了铝液脱氢机制,建立了脱氢化学反应、动力学的数学方程式,提出了具有重要意义的"量纲一 H_2 浓度"ψ/w_H,提供了铝液脱氢理论的坚实基础。

3.1.4　净化脱氢基本理论

1) 吹气浮游法脱氢的热力学分析

吹气浮游法脱氢过程发生的化学反应:

$$[H] = \frac{1}{2} H_2$$

该反应处于平衡状态的平衡常数

$$K = \frac{w_H}{f_H \sqrt{p_{H_2}^0}} \qquad (3.1.32)$$

铝熔体吹气浮游法脱氢可认为是等温过程，由于平衡常数 K 只是温度的函数，所以 K 值是个定值。

反应(3.1.26)进行的方向取决于生成物与反应物的自由焓之差 ΔG_{TV}：

$$\Delta G_{TV} = \Delta G_{TV}^0 + RT \ln \frac{\sqrt{p_{H_2}}}{f_H w_H} \qquad (3.1.33)$$

$$\Delta G_{TV}^0 = -RT \ln K$$

$$\Delta G_{TV} = -RT \ln K + RT \ln \frac{\sqrt{p_{H_2}}}{f_H w_H} \qquad (3.1.34)$$

式中，ΔG_{TV} 为反应式(3.1.26)的自由焓变化，单位为 J；ΔG_{TV}^0 为标准自由焓的变化，单位为 J；T 为熔体温度，单位为 K；p_{H_2} 为惰性气泡中 H_2 的分压，单位为 atm；w_H 为熔体中 H_2 的质量分数。

如果 $\Delta G_{TV} \leqslant 0$，反应自左向右进行，熔体中的原子态 H 化为分子态 H_2，进入气泡中；反之，$\Delta G_{TV} \geqslant 0$，反应自右到左进行，气泡中的 H_2 又返回溶于熔体中；当 $\Delta G_{TV} = 0$ 时，反应处于平衡状态。

在除气过程中，熔体中的氢不断进入气泡中，增大氢气的分压，但只能达到 $p_{H_2}^0$，因为气泡中氢气实际分压要大于 $p_{H_2}^0$。从反应式(3.1.26)可知，将导致 $\Delta G_{TV} \geqslant 0$，此时脱氢效率已达 100%。

Sigworth 用除气比 R 来表示平衡状态下净化气体的除气效率。

$$R = \frac{净化气体的体积}{被除去的氢气体积} = (1 - p_{H_2})/p_{H_2}$$

式中，p_{H_2} 为气泡中氢气的分压，单位为 atm。除气比 R 与熔体中 H_2 含量的关系如图 3.1.15 所示。

Sigworth 和 Engh 假设脱氢效率为 100% 时，即气泡从熔体中逸出时，气泡中的氢气分压与熔体中的 H_2 相平衡：

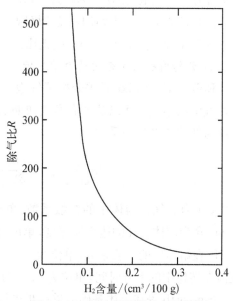

图 3.1.15　热力学平衡状态下除气比与 H_2 含量的关系

$$p_{H_2}^0 = \left(\frac{w_H f_H}{k_s}\right)^2 \tag{3.1.35}$$

式中，$p_{H_2}^0$ 为气泡离开熔体时气泡内的氢气分压，单位为 atm；k_s 为 Seaverth 常数；w_H 为熔体中 H_2 的质量分数；f_H 为合金中 H_2 的活度系数。

根据熔体中 H_2 含量随时间的变化，可建立 H_2 的质量平衡式：

$$\frac{-M}{100 m_H} \cdot \frac{dw_H}{dt} = 2G \frac{p_{H_2}^0}{p_{inert}} \tag{3.1.36}$$

式中，M 为熔体质量，单位为 kg；m_H 为 H_2 的摩尔质量，单位为 kg/mol；G 为气体摩尔流量，mol/s；p_{inert} 为气泡总压，单位为 atm。

结合式(3.1.35)、式(3.1.36)，对式(3.1.36)进行积分，可以得旋转喷吹脱氢效率为 100% 时的脱氢热力学方程：

$$\frac{1}{w_H} - \frac{1}{w_{Hi}} = \frac{200 m_H f_H^2 G}{M p_{inert} K_1^2} t \tag{3.1.37}$$

式中，w_{Hi} 为原始 H_2 含量，单位为 $cm^3/100\ g\ Al$；w_H 为除气后 H_2 含量，单位为 $cm^3/100\ g\ Al$；M 为铝熔体质量，单位为 kg；m_H 为 H_2 的摩尔质量，单位为 kg/mol；f_H 为 H_2 在铝熔体中的活度系数；G 为气体的摩尔流量，单位为 mol/s；p_{inert} 为惰性气泡的总压，单位为 atm；t 为净化时间，单位为 s。

式(3.1.37)是旋转喷吹除气的极限。除气后铝熔体的 H_2 含量与 m_H、f_H、G、t 成反比，而与 M、p_{inert}、K_1^2 成正比。

2）旋转喷吹法脱氢的动力学分析

Robert D. Pehlke 首先分析了气泡在熔体上升过程中熔体表面的脱氢，在忽略气泡的形成时间以及气泡形成初期的加速上升过程，得到了铝熔体中瞬时浓度与初始浓度的关系式：

$$\ln\left[\frac{c}{c_0}\right] = -\left(\frac{D A_s}{\delta V_m} + \frac{3 K_1 F \tau}{r_b V_m}\right) t \tag{3.1.38}$$

式中，D 为氢气在熔体中的扩散系数，单位为 m^2/s；A_s 为熔体的表面积，单位为 m^2；δ 为熔体表面的边界层厚度，单位为 m；V_m 为熔体的体积，单位为 m^3；K_1 为 H_2 在熔体中的传质系数，单位为 m/s；F 为净化气体流量，单位为 m^3/s；τ 为气泡在熔体中的上升时间，单位为 s；r_b 为气泡半径，单位为 m。

Sigworth 等在上述基础上进一步进行了理论推导，并作了下列假设：

（1）H_2 在气泡与铝熔体界面边界层的扩散是传质过程的速度限制环节；

（2）H_2 在熔体中的分布是均匀的；

（3）气泡表面积不随熔体高度而变化，即气泡内的总压（由净化气体和进入的氢气形成）是不变的。

然后对旋转喷吹脱氢过程熔池的一个纵截面微元进行研究，如图 3.1.10 所示，建立质量平衡方程式：

$$\frac{K\rho\left[w_H - \dfrac{K_1\sqrt{p_{H_2}}}{f_H}\right]\Delta A}{100m_H} = 2G\frac{\Delta p_{H_2}}{p_{inert}} \tag{3.1.39}$$

式中，K 为铝在熔体中的传质系数，单位为 m/s；ρ 为熔体的密度，单位为 kg/m^3；P_{H_2} 为气泡内氢气的分压，单位为 atm；ΔA 为熔体和气泡接触的面积，单位为 m^3。

熔体中的 H_2 含量 w_H 随着时间的变化而变化，因此可以在纵向上从熔池底部到熔池表面对式（3.1.39）进行积分，积分结果为：

$$\frac{K\rho A w_H p_{inert}}{200m_H} = -2\frac{f_H w_H}{K_i}\sqrt{p_{H_2}^0} - 2\frac{f_H^2}{K_i^2}\ln\left[1 - \frac{K_i\sqrt{p_{H_2}^0}}{f_H w_H}\right] \tag{3.1.40}$$

引入脱氢效率因子：$Z = \dfrac{K_i\sqrt{p_{H_2}^0}}{w_H f_H}$，结合式（3.1.36）和式（3.1.40），并认为脱氢效率因子 Z 远小于 1，可以得到一个较为简单的脱氢方程：

$$\frac{w_H}{w_{Hi}} = \exp\left(\frac{-K\rho A}{M}\right)t \tag{3.1.41}$$

式中，w_{Hi}、w_H 分别为脱氢前、后的 H_2 质量分数；t 为脱氢时间，单位为 s；M 为熔体质量，单位为 kg；K 为传质系数；A 为熔体和气泡的接触面积，单位为 m^2。

杨长贺等人把 KA 定义为表观传质系数，并对影响 KA 的各种因素进行了分析，根据杨长贺等人的分析结果及式（3.1.41）的提示，在铝熔体的处理量和熔池深度等条件一定的情况下，要在铝熔体脱氢的过程中获得有利的动力学条件，须注意以下几点。

（1）惰性气体流量的增加使表观传质系数 KA 增大，但由于惰性气体流量的增加使气泡"合泡"的概率增大，气体流量增加到一定数量后，KA 反而下降。因此，气体流量不能无限制地增加。

（2）合适的旋转喷头结构和转子转速使气泡具有足够小的半径并减少"合泡"的概率。

（3）合适的旋转喷头结构、转子转速和转子叶轮在熔体内的插入深度,都使气泡上升到熔体表面的时间(气泡在熔体内的滞留时间)变长。

基于以上的分析,旋转喷吹法是一种有效的脱氢方法,气泡通过旋转喷头引入铝熔体中,在喷头叶片剪切力和循环运动铝液剪切力的作用下气体被细化成小气泡,均匀弥散地分布在铝液中,并呈螺旋式上升,有效地改善了气泡浮游法的脱氢效果。

3.1.5 铝合金精炼工艺

1) 铝合金中 H_2 的溶解度

固态铝(660℃)中 H_2 的溶解度为 0.033 $cm^3/100\ g$,液态铝(660℃)中 H_2 的溶解度为 0.66 $cm^3/100\ g$,2 343 K 时,H_2 的溶解度极值为 15.6 $cm^3/100\ g$。

2) 通氮-硫粉混合气精炼铝合金液

使用通氮-硫粉混合气的精炼工艺,硫粉产生的 H_2S 和大量的硫蒸气起精炼作用,同时对过共晶 Al - Si 合金起变质作用,细化含铁相;AK5M4 用0.05%(质量分数)硫粉,氩气或氮气压力为 2~3 MPa,除气时间为 3~5 min;低等级炉料熔炼精炼后,H_2 浓度可降到 0.10 $cm^3/100\ g$,质量优于单独通氩气或氮气精炼。

3) 等离子体铝合金精炼工艺

俄罗斯继广泛使用的精炼丸"除气剂 Degaser"(含 C_2Cl_6)后,曾推出一种"RF-1"精炼丸工艺,使用时,精炼丸装入能通 Ar 或 N_2 的管中,浸入铝液后被分解,同时通 Ar 或 N_2 与铝液充分反应,加入 0.1%~0.15%的精炼丸,H_2 含量可从 0.94 $cm^3/100\ g$ 降至 0.18 $cm^3/100\ g$,氧化夹杂从 0.058%降至 0.014%,可同时加入 Ti - B - Zr 等进行变质。如将 C_2Cl_4 装入等离子管中,再通 Ar 或 N_2,等离子管温度高,C_2Cl_4 充分分解,就有更好的净化效果,去除氧化夹杂、H_2、Na 和 Mg 的百分比分别为 51%、68%、65% 和 84%。

3.2 真空除气

3.2.1 真空除气基本理论

氢气在大气中的含量约为 5×10^{-7}(体积分数),在这样的条件下,700℃时氢气在铝液中的平衡浓度小于 0.01 $cm^3/100\ g$,而一般生产条件下,氢气在铝及其合金液中的平衡浓度为 0.15~0.4 $cm^3/100\ g$,因此,不用除气,铝液会自动脱氢,直至氢气浓度小于 0.01 $cm^3/100\ g$,达到平衡为止[见图 3.2.1(a)]。实际上,炉气中总存在水蒸气,平衡氢气浓度将由式(1.4.3)确定,自发脱气时,氢气浓度不可能小于 $0.1 \sim 0.2 \ cm^3/100 \ g$[见图 3.2.1(b)],为了降低氢气浓度,必须降低炉气中的水汽压 p_{H_2O},一般情况下,真空除气可使氢气浓度降至小于 $0.01 \ cm^3/100 \ g$,这就是真空除气的机理。

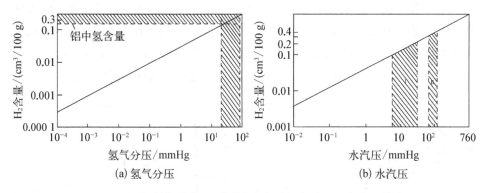

图 3.2.1　700℃时铝液中 H_2 含量与气相中氢气分压和水汽压的关系

3.2.2　真空除气动力学

以上热力学分析只能确定平衡状态时,由于熔炼条件的限制,除气过程可能极慢,以至于没有实际意义,真正决定脱氢效果的是动力学。

H_2 以气泡形态自铝液中扩散析出,在气泡析出阶段,除气速度比扩散速度快 $2 \sim 3$ 倍,气泡析出剧烈的地方,局限在液面,这已被氢气泡临界尺寸的计算和在不进行搅拌的熔池中除气的实验结果所证实。

外压增大或熔池加深,使气泡临界尺寸增大,外压增大或熔池加深到一定程度后,在热力学上是不可能形成气泡的,因此在深的溶池中对铝合金 LF6 除气,如不进行搅拌,在初始 45 min 内,只有在表面层以较快速度除气,经过 3 h 后,熔池深处的氢才能降到较低的水平(见图 3.2.2)。

研究表明,个别阶段的速度对整个过程的影响可用下式表示:

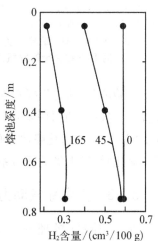

图 3.2.2　700～730℃、真空压力 $p = 1 \ mmHg$ 下,在容量为 6 t 的混熔炉内除气时,初始阶段和 45 min 后 H_2 含量沿熔池深度的分布

$$v = \cfrac{1}{\cfrac{1}{v_1} + \cfrac{1}{v_2}} \tag{3.2.1}$$

式中，v_1 和 v_2 为个别动力学阶段的速度。

真空除气由一系列动力学过程组成：气泡形成→氢向气泡核心及熔池表面传质→气泡通过熔池表面的氧化膜进入大气。真空除气时熔池如不搅拌，脱氢过程的限制环节是氢原子的迁移，如图 3.2.3 所示为 $700\sim730℃$、真空压力为 1 mmHg 时 LF6 铝合金的除气速度，随着熔池深度增加，除气速度下降。

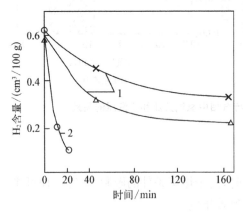

1—混熔炉，熔池深度为 400 mm（△）、800 mm（×）；
2—实验室炉，熔池深度为 100 mm。

图 3.2.3　$700\sim730℃$、真空压力为 1 mmHg 时 LF6 铝合金的除气速度

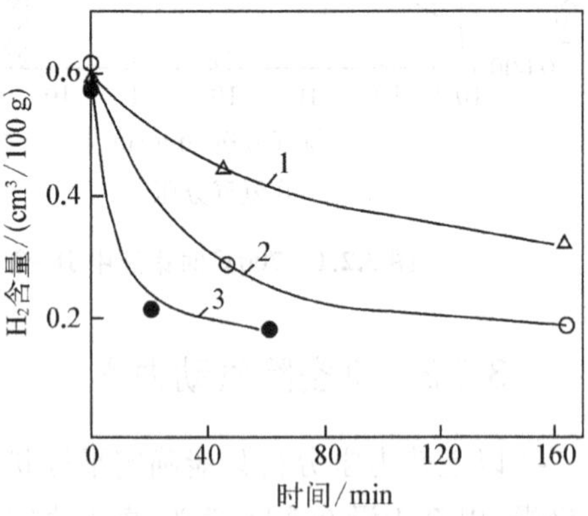

1—不搅拌；2—用搅拌棒搅拌；3—通氩气搅拌。

图 3.2.4　在 6 t 真空熔炉中 LF6 铝合金的除气动力学曲线

实验证明，通氩气搅拌能明显提高除气速度（见图 3.2.4）；随着铝液在熔炉中扰动，氢的传质对脱氢速度的影响越来越小，而表面状态的影响却越来越大，如 LY12 的表面氧化膜比较疏松，氢容易透过，除气速度比纯铝快；使用熔剂能溶解氧化膜，增大氢的透过系数，能明显提高除气速度。

3.2.3　真空除气动力学方程式

在真空除气机理的模型中，必须考虑 $H_2^+ - \gamma - Al_2O_3$ 配合物的作用，$H_2^+ - \gamma - Al_2O_3$ 可看成氢的内部扩散源，而 $H_2^+ - \gamma - Al_2O_3$ 配合物中吸附氢的质量 M_{H_2} 是氢在铝液中的平均浓度 c_1、氧化夹杂数量 N 及其半径 R_b 的函数，R_b 越小，复合物表面越发达，比表面积越大，吸附氢的气窝越多，吸附氢的质量 M_{H_2} 越多：

$$M_{H_2} = Nf(c_1, R_b) \tag{3.2.2}$$

如果氢在体积为 V 的铝液中的平均浓度为 c_1，则氢的总质量 M 可用下式表示：

$$M = c_1 V = cV + M_{H_2} = cV + Nf(c_1, R_b) \tag{3.2.3}$$

式中，c 为纯净铝液中的氢含量。

根据局部平衡的假定，除气时，在 dt 时间内通过液面 F 被除去的氢质量为

$$dM = -\beta F(c - c_p)d\tau \tag{3.2.4}$$

式中，β 为传质系数；c_p 为由炉气中氢分压决定的铝液表面层中的氢浓度。

根据式(3.2.3)有：

$$dM = d(c_p, V) = Vdc + N\frac{\partial f}{\partial c}dc \tag{3.2.5}$$

使式(3.2.4)和式(3.2.5)相等：

$$\left(V + N\frac{\partial f}{\partial c}\right)dc_p = -\beta F(c - c_p)d\tau \tag{3.2.6}$$

边界条件 $\tau = 0$ 时，$c = c_0$；$\tau = \tau$ 时，$c = c$。

对式(3.2.6)两边除以 $V(c - c_p)$ 后积分得：

$$-\int_{c_0}^{c}\left(1 + \frac{N}{V}\frac{\partial f}{\partial c}\right)\frac{dc}{c - c_n} = \int_0^{\tau}\beta F d\tau / V$$

$\ln\dfrac{c_0 - c_P}{c - c_P} - \dfrac{N}{V}\displaystyle\int_{c_0}^{c}\dfrac{\partial f}{\partial c}\dfrac{dc}{c - c_p} = \beta F\tau / V$，分部积分后，

$$\because \int_{c_0}^{c}\frac{\partial f}{\partial c}\frac{dc}{c - c_p} = \int_{c_0}^{c}\frac{df}{c - c_p} = \frac{f}{c - c_p}\Big|_{c_0}^{c} + \int_{c_0}^{c}\frac{f\,dc}{(c - c_p)^2}$$

$$= \frac{f(c, r_b)}{c - c_p} - \frac{f(c_0, r_b)}{c_0 - c_p} + \int_{c_0}^{c}\frac{f(c, r_b)}{(c - c_p)^2}dc$$

$$\therefore \beta F\tau / V = \ln\frac{c_0 - c_P}{c - c_P} - \frac{N}{V}\left[\frac{f(c, r_b)}{c - c_p} - \frac{f(c_0, r_b)}{c_0 - c_p} + \int_{c_0}^{c}\frac{f(c, r_b)}{(c - c_p)^2}dc\right]$$

$$= \ln\frac{c_0 - c_P}{c - c_P} + \frac{N}{V}\left[\frac{f(c_0, r_b)}{c_0 - c_p} - \frac{f(c, r_b)}{c - c_p} - \int_{c_0}^{c}\frac{f(c, r_b)}{(c - c_p)^2}dc\right]$$

$$\tag{3.2.7}$$

式(3.2.7)为真空除气动力学方程式;除气所需要的时间 τ 与熔池深度 $h = V/F$、单位体积内 $H_2^+ - \gamma - Al_2O_3$ 配合物的数量 N/V 成正比,与传质系数 β 成反比,并随氢的原始浓度 c_0 增大而增大。从式(3.2.7)可知,$f(c_1, r_b)$ 与 $H_2^+ - \gamma - Al_2O_3$ 配合物的大小、形状、分布特征等有关,如能建立起 $f(c_1, r_b)$ 的数学模型,就能计算式(3.2.7)了。

在铝液上方建立起真空后,脱氢的驱动力将是炉气-铝液表面界面上存在的炉气中的氢分压和铝液内氢分压之间的压差或浓度梯度,氢将通过扩散外逸,此时铝液内氢的浓度下降了,$c < c_\infty$,但 $H_2^+ - \gamma - Al_2O_3$ 配合物能长期停留在铝液中,吸附的氢存在于具有负的曲率半径的气窝中,这部分分子态氢具有体积,但和氢的溶解度无关。

3.2.4 $H_2^+ - \gamma - Al_2O_3$ 配合物在真空除气中的作用

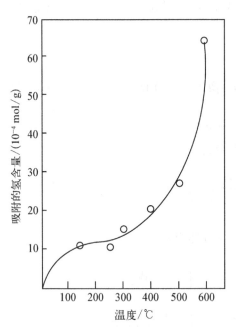

图 3.2.5 氢的压力为 **1.5 mmHg** 时,被氧化夹杂 **$\gamma - Al_2O_3$** 吸附的氢含量曲线

进行真空除气时,除了要认清除气过程的限制环节,还必须考虑另一个重要因素,即 $H_2^+ - \gamma - Al_2O_3$ 配合物的作用。

(1) 氧化夹杂 $\gamma - Al_2O_3$ 吸附 H_2 经测定是物理吸附,它的活化能为 34 kcal/mol[①],吸附热为 12 kcal/mol。氧化夹杂 Al_2O_3 吸附 H_2 的动力学曲线如图 3.2.5 所示。

(2) 明显的吸附发生在 100℃ 以上,随温度的上升和炉气中氢分压 p_{H_2} 的增大而增大,500℃ 以后,吸附量直线上升(见图 3.2.5)。

(3) 吸附达到平衡的时间很长,600℃ 时,40 h 后仍未达到平衡,450℃ 时,H_2 的覆盖面不超过 1%。

(4) 氧化夹杂 $\gamma - Al_2O_3$ 与过渡元素如铁等结合,会加大吸附量。

---

① 1 kcal=4.184 kJ。

3.3　金属液中气体扩散系数的计算和测定

气体在金属液中的扩散过程与液态金属结构理论、冶金反应动力学及气体的吸附和脱附等有关。

3.3.1　毛细管法测定分子扩散系数 D

分子扩散指的是氢或其他溶于金属液中的元素迁移通过一层不被对流所搅动的金属液。H_2 在金属液中的分子扩散发生在厚为 $10^{-2} \sim 10^{-6}$ mm 的不发生搅动的表面层中，使 H_2 渗入金属液中，扩散速度和分子扩散系数 D 有关。

对流扩散发生在金属液内部，由对流引起，对流由局部金属液体积内温度不均匀所自发引起，或由外力搅动金属液的强制性对流引起，H_2 在金属液中的扩散速度，与有效扩散系数 D_{ef} 有关。

毛细管法测定分子扩散系数 D 能得到最可靠的数据，H_2 在液态铁、镍、铜、锡、银、铝、镁中的分子扩散系数 D，以及氧在液态银中、硫在液态铁中的扩散系数 D 可用扩散元测定，如图 3.3.1 所示，它能测定稳态流动和非稳态流动时的扩散系数 D。扩散管由细刚玉管组成，它浸入金属液面下 60～70 mm，金属液在直径 15 mm、高 120 mm 的刚玉坩埚中熔化，坩埚装在直径 140 mm、高 1 000 mm 的垂直刚玉管中，金属在带有管状石墨加热器的电阻坩埚炉中加热、熔化。

研究氢在液态镍中的扩散时，采用直径 4～6 m 的细管滴定法，为了避免对流引起的误差，测定时，坩埚中金属液要保持恒温，误差小于 ±2℃，并从底部到顶部的方向上沿高度(75 mm)建立起 5℃ 的梯度。假定毛细管中的金属液柱是半无限大介质，液柱上方金属液和气体发生相互作用，金属液表面层中含氢量达到溶解度极限 c_S，在液柱底部含氢量 c 趋于 0，此处和测量气体容积 V 的检测系统相通，氢气脱附后通过多孔滤片被抽出，以建立氢气沿液柱高度的浓度梯度。实验时间要考虑得到的扩散系数 D 有足够的准确度，并保证气体进入金属液后不会扩散到毛细管的另一端，保证扩散是在半无限的介质内进行。气体检测系统在整个测定过程中保持恒温，并在毛细管浸入金属液后，迅速将气体检测系统调整到 1 atm，在整个吸氢过程中保持恒定。

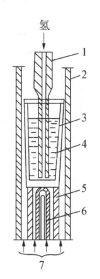

1—氧化铝陶瓷毛细管；2—莫来石外套管；3—刚玉坩埚；4—金属液；5—莫来石支撑管；6—热电偶；7—氩气。

图 3.3.1　测定气体在金属液中扩散系数 D 的扩散元

如果认为扩散元中金属液柱足够高,为半无限大介质,L 远远大于扩散距离,根据菲克第二定律边界条件(见图 3.3.2)。当扩散系数 D 与氢气的浓度 c 无关时,有:

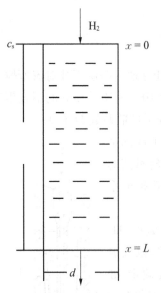

$$\frac{c-c_0}{c_S-c_0}=1-\mathrm{erf}\left(\frac{x}{2\sqrt{Dt}}\right) \quad (3.3.1)$$

式中,x 为离开气-液界面的距离,单位为 cm;t 为毛细管进入金属液内的时间,单位为 min;D 为扩散系数,假定与氢气浓度无关,单位为 cm^2/s;c 为在 (x,t) 处的氢气浓度;c_0 为金属液中氢气的初始浓度;c_S 为氢气分压 $p_{H_2}=1$ atm 时氢气的饱和浓度,即溶解度。等式左边为量纲一变数相对浓度。

溶有氢气的金属液是稀溶液,服从亨利定律,根据平均浓度的定义有:

初始条件 $t=0,0<x<L,c=c_0$;

$t=0,x=0,c=c_S$。

边界条件 $c(0,t)=c_S$,

图 3.3.2 气体检测系统

$$\frac{\partial c(L,t)}{\partial x}=0,\ t>0;$$

$$c_{av}=\frac{J\int_0^t \mathrm{d}t}{\frac{\pi}{4}d^2 L}+c_0=-\frac{\int_0^t D\frac{\mathrm{d}c}{\mathrm{d}x}\frac{\pi}{4}d^2\mathrm{d}t}{\frac{\pi}{4}d^2 L}+c_0 \quad (3.3.2)$$

式中,c_{av} 为金属液中氢气的平均浓度;J 为通量,$J=-DF(\mathrm{d}c/\mathrm{d}x)$;$F$ 为气-液相界面面积,$F=\frac{\pi}{4}d^2$;L 为金属液柱高度;d 为金属液柱直径。

对式(3.3.1)求导:

$$\frac{\mathrm{d}c}{\mathrm{d}x}=(c_S-c_0)\left[1-\mathrm{erf}\left(\frac{x}{2\sqrt{Dt}}\right)\right]'_x$$

$$=-(c_S-c_0)\left[\mathrm{erf}\left(\frac{x}{2\sqrt{Dt}}\right)\right]'_x$$

令 $\beta=\frac{x}{2\sqrt{Dt}}$,

$$\frac{\mathrm{d}c}{\mathrm{d}x} = -(c_S - c_0)\left[\frac{2}{\sqrt{\pi}}\int_0^{\frac{x}{2\sqrt{Dt}}} \mathrm{e}^{-\beta^2}\,\mathrm{d}\beta\right]_x' \tag{3.3.3}$$

$$= -(c_S - c_0)\frac{2}{\sqrt{\pi}}\mathrm{e}^{-\left(\frac{x}{2\sqrt{Dt}}\right)^2}\frac{1}{2\sqrt{Dt}}$$

又 $\dfrac{\mathrm{d}c}{\mathrm{d}x} = -\dfrac{c_S - c_0}{\sqrt{Dt\pi}}$，代入式(3.3.3)得：

$$c_{av} = \frac{D}{L}\int_0^t \frac{c_S - c_0}{\sqrt{Dt\pi}}\mathrm{d}t + c_0 = \frac{\sqrt{D}}{L\sqrt{\pi}}(c_S - c_0)\int_0^t \frac{\mathrm{d}t}{\sqrt{t}} + c_0$$

$$= \frac{\sqrt{D}}{L\sqrt{\pi}}(c_S - c_0) \cdot 2\sqrt{t} + c_0$$

$$\therefore \frac{c_{av} - c_0}{c_S - c_0} = \frac{2}{L}\frac{\sqrt{Dt}}{\sqrt{\pi}} \tag{3.3.4}$$

现以吸收氢气的质量除以金属液柱的质量表示平均浓度 c_{av}，设 $c_0 = 0$，则

$$\frac{c_{av}}{c_S} = \frac{2}{L}\frac{\sqrt{Dt}}{\sqrt{\pi}} = \frac{V\rho_G}{\frac{\pi}{4}d^2 L\rho_m c_S}$$

$\therefore V = \dfrac{d^2 \rho_m c_S \sqrt{Dt\pi}}{2\rho_g}$，当 t 的单位为 s，c_S 的单位为%(质量分数)时，有：

$$V = \frac{d^2 \rho_m c_S \sqrt{60Dt\pi}}{200\rho_g} \tag{3.3.5}$$

式中，V 为扩散元吸氢体积，单位为 cm^2；ρ_m 为金属液的密度，单位为 g/cm^3；c_S 为氢在金属液中的溶解度，单位为%；ρ_g 为标准状态下氢的密度，单位为 g/cm^3；t 为吸收氢气的时间，单位为 min；d 为细管直径，单位为 cm；D 为氢气的扩散系数，单位为 cm^2/s。

当不计氢气的初期膨胀时，根据式(3.3.4)可知吸收氢气的体积 V 和吸收氢气的时间 t 成正比，将 V 和 $\sqrt{t}$ 分别作为纵坐标和横坐标，通过实验测得一组 V 和 t 的数据，如图

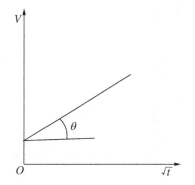

图 3.3.3　吸收氢气体积 V 和吸收时间 t 的关系图

3.3.3 所示,所得直线和横坐标 $\sqrt{t}$ 之间的夹角 θ 与扩散系数 D 有下列关系:

$$\sqrt{D} = \frac{200V\rho_{\mathrm{g}}}{\sqrt{60t\pi}\,d^2\rho_{\mathrm{m}}c_{\mathrm{S}}} = \frac{200\rho_{\mathrm{g}}}{\sqrt{60\pi}\,d^2\rho_{\mathrm{m}}c_{\mathrm{S}}}\frac{V}{\sqrt{t}} = \frac{200\rho_{\mathrm{g}}}{\sqrt{60\pi}\,d^2\rho_{\mathrm{m}}c_{\mathrm{S}}}\mathrm{tg}\,\theta \quad (3.3.6)$$

3.3.2 扩散方程式的计算方法

1)作图法

为了求得气体在金属液中的扩散方程式,先测得 7 组不同温度 T 下的分子扩散系数 D,列入表 3.3.1 中。

表 3.3.1 7 组金属液温度 T -扩散系数 D -透过系数 P 的数据

金属液温度 T/K	$\dfrac{1}{T}\Big/\mathrm{K}^{-1}$	$D\times10^3/$ (cm^2/s)	$P\times10^4/$ ($\mathrm{cm}^2\cdot\mathrm{s}^{-1}\cdot\mathrm{Pa}^{-1}$)
943	$1.060\,4\times10^{-3}$	0.758 6	0.102 8
960	$1.041\,7\times10^{-3}$	0.867 0	0.131 0
1 018	$9.823\,2\times10^{-4}$	1.365 0	0.270 0
1 113	$8.984\,7\times10^{-4}$	2.438 0	0.676 0
1 173	$8.525\,1\times10^{-4}$	3.631 0	1.290 0
1 228	$8.143\,3\times10^{-4}$	4.786 0	2.020 0
1 258	$7.949\,1\times10^{-4}$	5.623 0	2.550 0

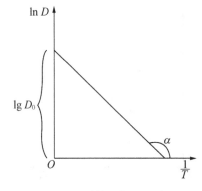

图 3.3.4 扩散系数 D 和金属液温度的关系

作出 $\ln D$ - $1/T$ 的关系曲线,如图 3.3.4 所示。

已知由实验数据总结出来的表示温度对扩散系数 D 影响的 Arrenius 扩散方程式:

$$D = D_0\exp\left(-\frac{Q}{RT}\right) \quad (3.3.7)$$

或

$$\ln D = \ln D_0 - \frac{Q}{RT} \quad (3.3.8)$$

式中,D_0 为频率因子;Q 为扩散活化能,单位为 kJ/mol。

已知 D_0 和 Q 在很宽的温度范围内是常数，即可根据图 3.3.4 求得：

$$Q = -R \operatorname{tg} \alpha$$

∴ 扩散系数 $D = D_0 \exp\left(-\dfrac{Q}{RT}\right)$。

2）解二元一次联立方程法

当扩散系数 D 与金属液温度的倒数 $1/T$ 成直线时，可测得两个不同温度 T_1、T_2 的扩散系数 D_1、D_2，得到一组联立方程式：

$$
\begin{cases}
\lg D_1 = \lg D_0 - \dfrac{Q}{2.303RT_1}, & (3.3.9) \\[2mm]
\lg D_2 = \lg D_0 - \dfrac{Q}{2.303RT_2} & (3.3.10)
\end{cases}
$$

解出联立方程式，即可求得 D_0、Q 值，写出扩散方程式。

但解二元一次联立方程法是特例，一般情况下不可能是一条直线，需要测得多组数据，表 3.3.1 为 7 组金属温度 T -扩散系数 D 的数据，得到一系列联立方程组：

$$
\begin{cases}
\lg D_i = \lg D_0 - \dfrac{Q}{2.303RT_i} & (3.3.11) \\[2mm]
\lg D_j = \lg D_0 - \dfrac{Q}{2.303RT_j} & (3.3.12)
\end{cases}
$$

解联立方程组得：

$$Q = R\,\frac{T_i T_j}{T_i - T_j} \tag{3.3.13}$$

$$D_0 = \ln \frac{D_i}{D_j} \tag{3.3.14}$$

由于有 7 组数据，根据两两结合规律，共有 $7 \times \dfrac{6}{2} = 21$ 种配合，解出 21 组联立方程式，得到 21 个 D_0、Q 值，解联立方程式的过程太烦琐，需编写程序用计算机求解，为了充分利用每一组数据，最后确定：

$$Q = \frac{\displaystyle\sum_{i=1}^{21} Q_i}{21} = 1.507\,1 \times 10^4 \text{ cal/mol}$$

$$D_0 = \frac{\sum\limits_{i=1}^{21} D_{0i}}{21} = 2.445\ 6\ \text{cm}^2/\text{s}$$

$$D = 2.445\ 6\ \exp\left(\frac{15\ 071}{T}\right)$$

3) 回归分析法

回归分析法,即最小二乘法,是更为精确的方法。

(1) 作图法:因 $\ln D = \ln D_0 - \dfrac{Q}{RT}$,$\ln D \sim \dfrac{1}{T}$ 呈线性关系。令 $y = \ln D$,$a = -\dfrac{Q}{R}$,$x = \dfrac{1}{T}$,$b = \ln D_0$,则 $y = ax + b$。 根据题意并按照表 3.3.2 中的 x、y 数据可作图,如 3.3.5 所示。

表 3.3.2 作图所用 x、y 数据

序号	$x = \dfrac{1}{T}$	$y = \ln D$
1	$1.060\ 4 \times 10^{-3}$	$-7.184\ 0$
2	$1.041\ 7 \times 10^{-3}$	$-7.050\ 5$
3	$9.823\ 2 \times 10^{-4}$	$-6.596\ 6$
4	$8.984\ 7 \times 10^{-4}$	$-6.016\ 6$
5	$8.525\ 1 \times 10^{-4}$	$-5.618\ 2$
6	$8.143\ 3 \times 10^{-4}$	$-5.342\ 1$
7	$7.949\ 1 \times 10^{-4}$	$-5.180\ 9$

由图 3.3.5 可求得:

$$k = -\frac{3.5}{4.7} \times 10^{-4} = 7\ 447, b = \left(11.7 \times 10^{-4} \times \frac{3.5}{4.7} \times 10^{-4}\right) - 8 = 0.713$$

$$\therefore Q = -Rk = -1.987 \times (-7\ 447) = 14\ 796\ \text{cal/mol}$$

$$D_0 = \exp(b) = e^{0.713} = 2.038\ \text{cm}^2/\text{s}$$

得:
$$D = 2.038 - \frac{14\ 796}{RT}$$

式中,k 为斜率。

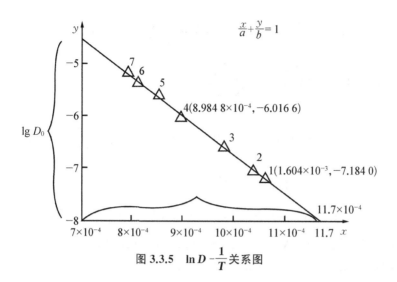

$$\frac{x}{a}+\frac{y}{b}=1$$

图 3.3.5 $\ln D - \frac{1}{T}$ 关系图

（2）线性回归法：因 $\ln D = -\dfrac{Q}{RT} + \ln D_0$，$\ln D \sim \dfrac{1}{T}$ 呈线性关系，令 $Y = \ln D$，$A = -\dfrac{Q}{R} \times 10^4$，$X = \dfrac{1}{T}$，$B = \ln D_0$，则 $Y = AX + B$，按题意并按照表 3.3.1 的数据作回归直线计算表，计算 X、Y 值如表 3.3.3 所示。

表 3.3.3 回归直线计算表

数据点 i	$X = \dfrac{1}{T} \times 10^4$	$Y = \ln D$	XY	X^2
1	10.604 5	−7.184 0	−76.180	112.455
2	10.416 7	−7.050 5	−7.73.445	103.508
3	9.823 2	−6.596 7	−7.64.800	96.495
4	8.984 7	−6.016 6	−7.54.057	80.720
5	8.525 1	−5.618 2	−7.47.896	72.678
6	8.143 3	−5.342 1	−7.43.502	66.314
7	7.949 1	−5.180 9	−7.41.183	63.189
$\sum\limits_{i=1}^{7}$	64.446 6	−42.989 0	−7.401.063	600.374

$$X = \frac{1}{7}\sum_{i=1}^{7} x_i = 9.206\ 7,\quad Y = \frac{1}{7}\sum_{i=1}^{7} y_i = -6.141\ 3$$

$$\therefore 估计量\ A = \frac{\sum x_i y_i - x \sum y_i}{\sum x^2 - x \sum x_i}$$

$$= -401.063 - 9.206\ 7 \times \frac{-42.989}{600.374 - 9.206\ 7 \times 64.446\ 6}$$

$$= \frac{-5.277}{7.033\ 5} = -0.75$$

$$B = Y - AX = -6.141\ 3 - (-0.75) \times 9.206\ 7 = 0.763\ 7$$

$\therefore$ 回归直线 $Y = AX + B = 0.75 \times 9.206\ 7 + 0.763\ 7$

$\therefore D_0 = \exp B = e^{0.763\ 7} = 2.146\ 2\ \mathrm{cm^2/s}$

$Q = -R \times 10^4 \times A = -1.987 \times 10^4 \times (-0.75) = 14\ 902.5\ \mathrm{cal/mol}$

$D = 2.146\ 2\exp(-1\ 492.5/T)$。

当数据组太多时,则只能采用计算机编程计算。

3.3.3 有效扩散系数 D_{ef} 和扩散系数 D 的关系

1) 有效(表观)扩散系数 D_{ef} 的定义

有效扩散系数 D_{ef} 是金属组织中存在缺陷(气孔、不连续处)时的扩散系数。

2) 有效扩散系数 D_{ef} 的推导

如图 3.3.6 所示,写出单元体积 $dV = Fdx$ 内在 x 方向一维扩散时,氢重新分配的动态方程,在 $d\tau$ 时间内进入体积单元 dV 中氢的流通量 J_x 由菲克定律确定:

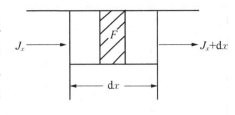

图 3.3.6 一维扩散模型

$$J_x = -D \frac{\partial c_S(x\tau)}{\partial x} F d\tau \qquad (3.3.15)$$

在同时间内,从 dV 中扩散出去的氢的流通量 J_{x+dx} 为

$$J_{x+dx} = -D \frac{\partial c_S(x+dx\tau)}{\partial x} F d\tau$$

$$= -D \left(\frac{\partial c_S}{\partial x} + \frac{\partial^2 c_S}{\partial x^2} \Delta x \right) F d\tau \qquad (3.3.16)$$

因此,在 $d\tau$ 时间内 dV 体积中氢质量的增量为

$$dm = J_x - J_{x+dx} = D\frac{\partial^2 c_S}{\partial x^2}dVd\tau \tag{3.3.17}$$

另一方面,式(3.3.17)可以写成:

$$dm = dc\,dV = \left(1 + \frac{2Mc_S}{k_S^2 RT}\frac{\Delta V}{V}\right)dc_S dV \tag{3.3.18}$$

比较式(3.3.17)与式(3.3.18)可得:

$$\frac{\partial c_S(x\tau)}{\partial \tau} = \frac{D}{1 + \dfrac{2Mc_S(x\tau)}{k_S^2 RT}\dfrac{\Delta V}{V}}\frac{\partial^2 c_S(x\tau)}{\partial x^2} \tag{3.3.19}$$

式(3.3.19)可改写成菲克第二定律的形式:

$$\frac{\partial c_S(x\tau)}{\partial \tau} = D_{ef}\frac{\partial^2 c_S(x\tau)}{\partial x^2} \tag{3.3.20}$$

$$\therefore D_{ef} = \frac{D}{1 + \dfrac{2Mc_S(x\tau)}{k_S^2 RT}\dfrac{\Delta V}{V}} \tag{3.3.21}$$

从上式可见,有效扩散系数 D_{ef} 是一个变数,其值和氢在金属中的浓度 c_S、温度 T、系数 k_S 及气孔率 $\dfrac{\Delta V}{V}$ 有关。

3) 讨论

(1) 当 $\dfrac{\Delta V}{V} \neq 0$,即金属材料内有气孔等不连续缺陷时,扩散方程式与典型扩散方程式不同;

(2) 当 $\dfrac{\Delta V}{V} = 0$,即金属材料内部致密时,扩散方程式与理论扩散方程式相同,服从菲克定律;

(3) 升高金属温度 T 时,吸热型金属如铝、铜、镁、锌等的 $k_S = k_0^S \exp\left(\dfrac{-\Delta H^S}{2RT}\right)$,呈指数形式增大,$D_{ef}$ 的数值趋向扩散系数 D 的数值,且温度越高,$\dfrac{\Delta V}{V}$ 的影响越小(图 3.3.7 中的几条曲线逐渐靠拢)。

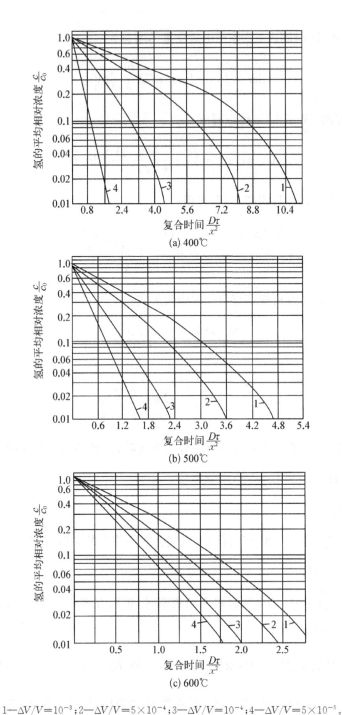

1—$\Delta V/V = 10^{-3}$；2—$\Delta V/V = 5 \times 10^{-4}$；3—$\Delta V/V = 10^{-4}$；4—$\Delta V/V = 5 \times 10^{-5}$。

图 3.3.7　400℃、500℃、600℃ 时，从初始氢含量 c_0 为 0.3 cm³/ 100 g Al 的纯铝中萃取氢的动力学曲线

（4）升高金属温度 T，对于放热型金属如钛、锆等，k_S 呈指数形式降低，但 D_{ef} 的变化比较复杂，通常会降低 D_{ef}。

4）脱氢动力学曲线

当氢在金属中的分布处于平衡状态时，在初始阶段，氢的初始浓度为 c_0，对于 $c_x(x, 0)$ 的初始条件由式（3.3.22）确定（$\tau = 0$）：

$$c_0 = c_S(x, 0) + \frac{Mc_S^2(x, 0)}{k_S^2 RT} \frac{\Delta V}{V} \qquad (3.3.22)$$

两边除以 c_0，得：

$$1 = \frac{c_S}{c_0} + \frac{Mc_S^2(x, 0)}{k_S^2 RT} \frac{\Delta V}{V} \frac{1}{c_0}$$

引入新的变量：

$$\theta = \frac{c_S}{c_0}, \ F_0 = \frac{D\tau}{x^2}, \ \delta = \frac{x}{\chi}$$

式中，χ 为试样厚度的一半；δ 为无因次厚度，在试样中心线上 $x = \chi$，$\delta = 1$；F_0 为傅里叶准数，可看作无因次时间准数。

令 $\alpha = \frac{2M}{k_S^2 RTc_0} \frac{\Delta V}{V}$，从式（3.3.22）可得二阶偏微分方程：

$$\theta + \frac{\alpha}{2}\theta^2 = 1 \qquad (3.3.23)$$

从式（3.3.20）、式（3.3.21）可得二阶偏微分方程：

$$\frac{\partial\theta(\delta F_0)}{\partial F_0} = \frac{1}{1 + \partial\theta(\delta F_0)} \frac{\partial^2\theta(\delta F_0)}{\partial\delta^2} \qquad (3.3.24)$$

由式（3.3.23）和式（3.3.24）所组成的方程组在不同边界条件下，可用计算机算出 θ-F_0 的关系，如图 3.3.7 所示。

设金属中初始平均氢含量 $c_0 = 0.3 \text{ cm}^3/100 \text{ g Al}$，从图中可见：

（1）多孔的或致密的试样其脱氢萃取动力学曲线的特征是相似的，萃取动力学曲线的最终阶段在坐标系 $\lg \frac{c_S}{c} - \frac{D_{ef}\tau}{x^2}$ 中是一条直线，从直线倾角的斜率可以算出氢的有效扩散系数 D_{ef}：

$$D_{ef} = \frac{-\lg\theta x^2}{\tau \text{tg}\,\alpha} \qquad (3.3.25)$$

（2）在第一类边界条件中，即 $c_S = c_0, x = \chi$，临界值 α 从 0 到 7 000，包括了大部分生产中的情况，从图中可见随 α 值的增加，萃取时间 τ 也增大了。

（3）试样的气孔率 $\Delta V/V$ 不同，D 和 D_{ef} 会有很大区别，多孔的或致密的试样的脱氢萃取动力学曲线随金属温度的升高和初始氢浓度 c_0 的降低而靠近，因此，在高温情况下，扩散系数的实验数据比低温时的数据分散性小，其原因是氢扩散进入金属过程由 3 个环节组成：

（a）氢分子在铝表面分解，氢原子活性吸附在表面；

（b）氢原子以质子和自由电子状态从表面进入金属内部；

（c）质子通过铝晶格进行扩散。

低温时，氢通过金属表面的速度决定吸附速度，是扩散的限制环节，而吸附速度与表面状态有关，不同组成、厚度的氧化膜，影响测定数据，随温度的升高，吸附速度明显增大，扩散成为限制环节，表面状态不再影响数据。

表 3.3.4 所示为有效扩散系数 D_{ef} 和理论扩散系数 D 之比 D_{ef}/D。这些数据是根据脱氢萃取动力学曲线的斜率算出的。

表 3.3.4 不同气孔率的有效扩散系数 D_{ef} 和理论
扩散系数 D 之比 D_{ef}/D 一览表

温度/℃	初始氢浓度 $c_0/(cm^3/100\ g\ Al)$	气孔率 $\dfrac{\Delta V}{V}$		
		10^{-3}	5×10^{-4}	10^{-4}
400	0.1	0.51	0.53	0.79
	0.3	0.36	0.49	0.63
	0.5	0.18	0.38	0.48
500	0.1	0.76	0.79	0.94
	0.3	0.61	0.73	0.86
	0.5	0.55	0.68	0.84
600	0.1	0.91	0.94	0.99
	0.3	0.85	0.92	0.97
	0.5	0.77	0.88	0.95

（4）当试样的气孔率 $\dfrac{\Delta V}{V}$ 已知，图 3.3.7 的曲线可以用作计算脱氢萃取动力学的诺谟图，完全萃取 $\left(\dfrac{c_S}{c_0} \to 0\right)$ 的平均时间 τ 明显取决于气孔率 $\dfrac{\Delta V}{V}$、温度 T 和厚度 χ。

3.3.4　现代扩散系数先进测定技术

测定氢在铝中扩散系数引起的误差，来源于所测氢数据的误差，这种误差是由于仪器本身和周围介质中大量水蒸气引起的，测定扩散系数最好的方法是采用氢的同位素氘，即重氢，（符号 D，质子数为 2，与氧化合为重水 D_2O），使用氘能排除其他氢来源的影响。总之，由高灵敏度质谱仪记录氘流量，能快速、准确地测定氢在铝及其合金中的扩散系数和渗透率。B. H. 基多夫测得的氘在铝及其合金中的扩散活化能 Q 约为 15 000～17 000 cal/mol。铝中加入镁会降低指数前的频率因子 D_0 和扩散活化能 Q，于是氘在含镁 0.5%～1.5% 的铝合金中的扩散系数在 350～500℃范围内是很接近的。

第 4 章
氢在固态铝中的分布

本章通过介绍固态铝中的气体方程式,铝铸件(锭)中的二次气孔,铝板热处理、冷加工时气孔的变化,铝及其合金退火时气体含量的变化,铝及其合金塑性变形型材表面上的气泡,分析研究氢在固态铝中的分布。

4.1 固态铝中的气体方程式

4.1.1 气体方程式的导出

设吸氢时吸热型金属的体积由 N 个相组成的体积 V_i 及总体积为 ΔV 的许多空洞(气孔)所组成;当建立热力学平衡时,氢分布在各个相组成及空洞(气孔)中,在空洞(气孔)中的氢呈分子态存在,其压力为 p_i;根据平衡定义,氢在每一相中的压力相等,等于 p。故

$$c_i = K_i \sqrt{p} \exp \sqrt{\frac{-\Delta H_i}{2RT}} \tag{4.1.1}$$

式中,K_i 为由各个相组成物的性质决定的常数;p 为各个相组成物中的平衡压力,单位为 atm;ΔH_i 为氢分子在 i 相中的溶解热,单位为 cal/mol。

氢分子在每一相中的质量 m_i 由下式确定:

$$m_i = V_i c_i = v_i K_i \sqrt{p} \exp \frac{-\Delta H_i}{2RT} \tag{4.1.2}$$

式中,V_i 为每一相的体积。

存在于整个固态金属内氢分子的质量 m_s 由下式确定:

$$m_s = \sqrt{p} V \sum_{i=1}^{n} k_i \frac{V_i}{V} \exp \frac{-\Delta H_i}{2RT} \tag{4.1.3}$$

式中，V 为固相的总体积，其值不变。

氢在空洞（气孔）ΔV 中的总质量 m_p 由理想气体方程式求得：

$$m_p = \frac{p\,\Delta VM}{RT}$$

令 $\alpha = \dfrac{\Delta V}{V}$，则 $m_p = \dfrac{p\alpha VM}{RT}$，式中，$M$ 为氢分子的相对分子质量。

当氢分子的平均浓度 c_0 已知，可建立下列平衡式：

$$(V + \Delta V)c_0 = \frac{p\,\Delta VM}{RT} + V\sqrt{p}\,\sum_{i=1}^{n} k_i \frac{V_i}{V}\exp\frac{-\Delta H_i}{2RT} \tag{4.1.4}$$

式（4.1.4）即凝固态铝中的气体方程式。

4.1.2　气体方程式的应用

令 $\Delta V/V = \alpha$，式（4.1.4）中的 $\displaystyle\sum_{i=1}^{n} k_i \frac{V_i}{V}\exp\frac{-\Delta H_i}{2RT} = L$

式（4.1.4）可转化为

$$p + \frac{LRT}{M\alpha}\sqrt{p} - \frac{RT(1+\alpha)}{M\alpha}c_0 = 0 \tag{4.1.5}$$

解式（4.1.5），可求得氢分子的平衡压力 p，每一相中氢分子的浓度 c_i，氢分子在固溶体中的质量为 m_s，氢分子在气孔中的总质量 m_p。

$$\sqrt{p} = \frac{LRT}{2M\alpha}\left(\sqrt{1 + \frac{4M\alpha(1+\alpha)}{L^2RT}c_0} - 1\right) \tag{4.1.6}$$

$$c_i = \frac{LRT}{2M\alpha}\left(\sqrt{1 + \frac{4M\alpha(1+\alpha)}{L^2RT}c_0} - 1\right)\exp\left(\frac{-\Delta H_i}{2RT}\right) \tag{4.1.7}$$

$$m_s = \frac{VL^2RT}{2M\alpha}\left(\sqrt{1 + \frac{4M\alpha(1+\alpha)}{L^2RT}c_0} - 1\right) \tag{4.1.8}$$

$$m_p = \frac{VL^2RT}{4M^2\alpha}\left(\sqrt{1 + \frac{4M\alpha(1+\alpha)}{L^2RT}c_0} - 1\right) \tag{4.1.9}$$

式中，M 为氢的相对分子质量；V 为金属铝的体积。

平衡时，氢分子在铝固溶体中的浓度 c_S 及在气孔中的浓度 c_P 等于氢分子在金属中的平均浓度 c_0，可用下式表示：

$$c_0 = c_S + \frac{M}{k_0^2 RT \exp\left(-\dfrac{\Delta H}{RT}\right)} \frac{\Delta V}{V} c_S^2 \tag{4.1.10}$$

式(4.1.10)为固态铝中的气体方程式的另一种形式,它包含了氢分子在固溶体中的浓度 c_S,氢分子的平均浓度 c_0,温度 T 及气孔率 $\dfrac{\Delta V}{V}$ 之间的关系;图 4.1.1 及图 4.1.2 中所示曲线为根据式(4.1.10)计算所得的 $\dfrac{c_S}{c_0}$、$\dfrac{\Delta V}{V}$ 和温度 T 之间的关系曲线,k_0 和 ΔH 采用参考文献的数据。

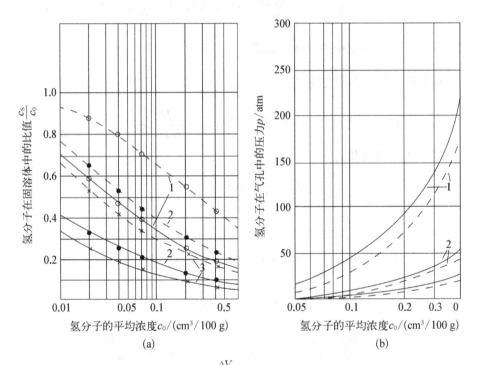

(a)　　　　　　　　　　　　(b)

实线—400℃,虚线—500℃;气孔率 $\dfrac{\Delta V}{V}$:1—10×10^{-4},2—5×10^{-4},3—10×10^{-3}。

图 4.1.1　氢分子在铝固溶体中的比值 c_S/c_0 和在气孔中的平衡压力 p 与氢分子平均浓度 c_0 的关系曲线

4.1.3　讨论

分析式(4.1.10)可知,试样中气孔率 $\dfrac{\Delta V}{V}$ 增大时,氢分子在气孔中的份额增加了,c_S/c_0 比值下降;对于 $\Delta H > 0$ 的吸热型金属如铝、铜、铁等,升高温度 T,

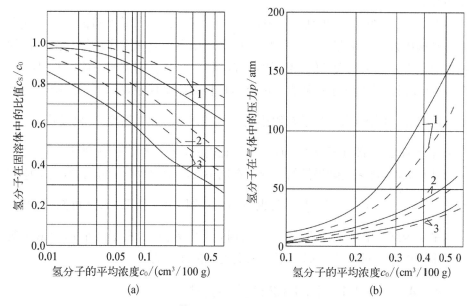

实线—600℃，虚线—660℃；气孔率 $\dfrac{\Delta V}{V}$：$1—10\times10^{-4}$，$2—5\times10^{-4}$，$3—10\times10^{-3}$。

图 4.1.2　氢分子在铝固溶体中的比值 c_S/c_0 和在气孔中的
平衡压力 p 与氢分子平均浓度 c_0 的关系曲线

氢分子自气孔渗入固溶体中，减少了氢分子在气孔中的含量；对于 $\Delta H<0$ 的放热型金属如钛、锆等，情况相反，升高温度 T，氢分子自固溶体渗入气孔中。

从图 4.1.1 及图 4.1.2 中所示曲线来看，氢分子在铝固溶体及气孔中的分布在不同温度下是很不同的，如 400℃时气孔率 $\dfrac{\Delta V}{V}=10^{-4}\sim10^{-3}$，大部分氢分子存于气孔中；温度提高到 500℃时，铝固溶体中的氢分子会有增加，但甚至当 $\dfrac{\Delta V}{V}=10^{-4}$ 时，存于铝固溶体中的氢分子也不会超过 50%，继续提高温度会进一步使氢分子转入铝固溶体中，但直至熔化温度 660℃，仍有相当比例的氢分子留在气孔中。

导出上述公式时的条件是，假定铝中的氢气和大气中的氢气处于平衡时，当表面存在氢分子自表面析出的能垒，如氧化膜等时，公式也能用来描述铝合金表面上方没有氢气时的平衡。此外，这些公式还能描述氢分子在厚大零件和毛坯中心的分布，尤其是在低于 400℃时，如已知氢分子在金属中的平均浓度 c_0、气孔率 $\dfrac{\Delta V}{V}$、金属温度 T，从式（4.1.6）可求出铸件（铸锭）气孔内氢气的压力 p，可预防开裂。

图 4.1.1 及图 4.1.2 中列出了按式(4.1.6)、式(4.1.9)计算所得的氢气在气孔中的平衡压力 p 和质量 m_p，从图中可知，平衡压力 p 随氢分子的平均浓度 c_0 的增加而呈平方关系增大，随着温度的升高，平衡压力 p 则有所下降，但不明显。在 500℃以上，平衡压力 p 可能超过金属材料的屈服极限，扩大气孔体积，会形成二次气孔。因此，当氢分子在铝中的平均浓度 c_0、金属温度 T 和气孔率 $\frac{\Delta V}{V}$ 在上述范围时，大部分氢分子是存在于气孔内的，这已被大量实验所证实。

计算表明，许多文献提供的氢分子在铝中溶解度的数据是可信的，甚至应用到气孔率 $\frac{\Delta V}{V}$ 为 $10^{-4}\sim 5\times 10^{-3}$ 时也适用。从图 4.1.1 及图 4.1.2 可知，当氢分子的平均浓度 c_0 在 $0.1\sim 0.5\ cm^3/100\ g$ 时，铝固溶体中氢分子含量 c_T 仍低于氢分子平均浓度 c_0 的 20%，所以，形成二次气孔是现实的。

4.1.4 图 4.1.1 和图 4.1.2 的绘制方法

(1) 先统一单位。式(4.1.10)是按照理想气体方程式导出的，当 R 取 $0.082\ dm^3/kmol$ 时，式(4.1.10)中的 $\frac{M\alpha}{RT}\frac{c_S^2}{k_S^2}$ 的单位为 $mol\ H_2/dm^3\ Al$，因为 $1\ dm^3\ Al = 1\ 000\ cm^3 Al = 2\ 700\ g\ Al$，其中有 $1\ mol\ H_2$，所以 $\frac{1\ cm^3\ H_2}{100\ g\ Al} = \frac{8.987\times 10^{-5}\ g\ H_2}{100\ g\ Al} = \frac{8.987\times 10^{-5}\ mol\ H_2}{\frac{100\ g}{2\ 700\ g}\ dm^3\ Al} = 0.242\times 10^{-2}\ mol\ H_2/dm^3\ Al$。

故式(4.1.10)可改为

$$c_0(cm^3/100\ g\ Al) = c_S + \frac{M\alpha}{RT}\frac{c_S^2}{k_S^2}\frac{1}{0.242\times 10^{-2}}\ mol\ H_2/dm^3\ Al$$

式中，c_0 为氢分子平均浓度，单位为 $cm^3/100\ g\ Al$。

(2) 由式(4.1.10)转变为一元二次方程式：

$$\frac{1}{0.242\times 10^{-2}}\frac{M\alpha}{RTk_S^2}c_S^2 + c_S - c_{EV} = 0 \tag{4.1.11}$$

只要算出 $\frac{1}{0.242\times 10^{-2}}\frac{M\alpha}{RTk_S^2}$，即可借助式(4.1.11)求得 $c_S,c_S/c_{EV}$，$p = c_S^2/k_S^2$。

$$c_{\mathrm{S}}=\frac{-B\pm\sqrt{B^2-4AC}}{2A}，其中，A=\frac{1}{0.242\times10^{-2}}\frac{M\alpha}{RTk_{\mathrm{S}}^2}，B=1，C=c_0，A$$

的计算结果如表 4.1.1 所示。

当 400℃（673 K），$c_0=0.01$ 时有：

$$c_{\mathrm{S}}=\frac{-1\pm\sqrt{1^2-4\times59.205\times0.01}}{2\times59.205}=\frac{-1\pm\sqrt{1+2.368\,2}}{118.41}$$

$$=\frac{-1\pm1.835\,2}{118.41}=0.007\,054$$

氢分子在固溶体中的含量为 0.007 054 cm³/100 g Al。

（3）具体计算：

$$k_{\mathrm{S}}=k_0^{\mathrm{S}}\exp\!\left(\frac{-\Delta H^{\mathrm{S}}}{2RT}\right)$$

$$k_{\mathrm{S}}^{400℃}=k_{\mathrm{S}}^{673\,\mathrm{K}}=k_0^{\mathrm{S}}\exp\!\left(\frac{-\Delta H^{\mathrm{S}}}{2RT}\right)=6.137\,6\times\exp\!\left(\frac{-19\,011}{2\times1.987\times673}\right)=$$

$5.022\,611\times10^{-3}$，

$(k_{\mathrm{S}}^{673\,\mathrm{K}})^2=2.522\,7\times10^{-5}$，

$k_{\mathrm{S}}^{500℃}=k_{\mathrm{S}}^{773\,\mathrm{K}}=6.137\,6\exp[-19\,011/(2\times1.987\times773)]=1.259\,88\times10^{-2}$，

$(k_{\mathrm{S}}^{773\,\mathrm{K}})^2=1.587\,05\times10^{-4}$，

$k_{\mathrm{S}}^{600℃}=k_{\mathrm{S}}^{873\,\mathrm{K}}=2.556\times10^{-2}$，

$(k_{\mathrm{S}}^{873\,\mathrm{K}})^2=6.55\times10^{-4}$，

$k_{\mathrm{S}}^{660℃}=k_{\mathrm{S}}^{933\,\mathrm{K}}=3.640\,876\,8\times10^{-2}$，

$(k_{\mathrm{S}}^{933\,\mathrm{K}})^2=13.255\,983\,87\times10^{-4}$。

（4）计算结果如表 4.1.1 和表 4.1.2 所示。

表 4.1.1　A 的计算结果

T/K	$\dfrac{\Delta V}{V}=\alpha=10^{-4}$	$\dfrac{\Delta V}{V}=\alpha=5\times10^{-4}$	$\dfrac{\Delta V}{V}=\alpha=10^{-3}$
673	59.363	296.025	592.05
773	8.215	41.075	82.15
873	1.762	8.810	17.62
933	0.870 79	4.354	8.707 9

表 4.1.2 式(4.1.11)的计算结果

c_0/(cm³/100 g Al)	c_S				c_S/c_0				$p = c_S^2/k_S^2$	
	$\alpha = 10^{-4}$				$\alpha = 10^{-4}$				$\alpha = 10^{-4}$	
	673	773	873	933	673	773	873	933	673	773
0.01	7.054×10^{-3}	9.3×10^{-3}	9.81×10^{-3}	9.914×10^{-3}	0.705	0.93	0.981	0.991	1.972	0.545
0.1	3.35×10^{-2}	6.5×10^{-2}	8.674×10^{-2}	9.25×10^{-2}	0.335	0.65	0.867	0.925	44.49	26.6
0.5	8.384×10^{-2}	19.3×10^{-2}	31.97×10^{-2}	37.65×10^{-2}	0.168	0.386	0.639	0.753	278	235

4.2 铝铸件(锭)中的二次气孔

4.2.1 定义

铝及其合金铸件(锭)结晶时,通常会得到氢分子在固体金属中的过饱和固溶体,这种过饱和固溶体是不稳定的,以后在足够高的温度下保温时,会发生氢分子的脱溶过程,如铝铸件(锭)在热处理(淬火、退火等)时,氢分子自过饱和固溶体中呈分子态析出,形成有高内应力的气孔,直径约为 $1\sim40\ \mu m$,为有别于结晶时形成的气孔,故称"二次气孔"。生产经验表明,含氢 $0.1\sim0.4\ cm^3/100\ g$ 的铝锭,不论纯度如何,热处理时都极易出现二次气孔。

4.2.2 二次气孔生成动力学

1) 退火时金属厚度、表面状态对脱氢的影响

有学者研究了直径为 60 mm 的半连续铸造的高纯度铝锭和工业纯铝锭的二次气孔,以理论密度与实际密度的差值和理论密度之比作为气孔率 $\alpha = \dfrac{\rho - \rho_{ef}}{\rho}$。研究结果表明,退火后在厚大铸锭的中心部位,固态金属中 H_2 的浓度实际上并不改变。另外,当较小试样退火时可在较短时间内彻底脱氢,但如在试样表面制备一层经阳极氧化处理的致密氧化膜,则在退火时 H_2 不会消失。图 4.2.1 中表示出试样在 500℃退火过程中,密度变化和 H_2 浓度之间的

关系。高纯铝中二次气孔率因 H_2 浓度不同而变化的曲线如图 4.2.2 所示。

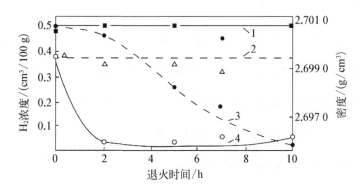

图 4.2.1　500℃ 退火过程中经阳极氧化处理（曲线 2、3）和未经阳
极氧化处理（曲线 1、4）的铝试样中 H_2 浓度（曲线 2、4）
和密度（曲线 1、3）的变化

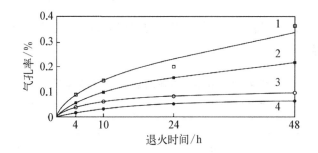

H_2 浓度：1—0.75 cm³/100 g；2—0.39 cm³/100 g；3—0.2 cm³/100 g；
4—0.1 cm³/100 g。

图 4.2.2　高纯度铝锭中二次气孔率和 H_2 浓度
与退火时间之间的关系曲线

2）显微组织观察

在高纯铝中，气孔分布在晶界上，有时会形成连续的气孔链，在一定条件下，如当 H_2 浓度为 0.75 cm³/100 g，经阳极氧化处理后的铝锭进行退火时，沿晶界形成分层，使金属表面鼓起。在工业纯铝锭中，二次气孔率通常很低，很少超过 0.15%，二次气孔一般分布在晶粒内部。

3）H_2 过饱和度对形成二次气孔的影响

在高纯铝锭中，H_2 过饱和度高，H_2 浓度为 0.13 cm³/100 g 时就出现二次气孔；在工业纯铝锭中，H_2 过饱和度低，超过 0.18 cm³/100 g 时才会出现二次气孔。

4.2.3 平衡二次气孔率 $\dfrac{\Delta V}{V}$

1) 平衡二次气孔率 $\dfrac{\Delta V}{V}$ 与 H_2 的平均浓度 c_0、退火温度之间的关系

计算了铝锭中平衡二次气孔率，实验结果表明，铝合金锭中的二次气孔是 H_2 在气孔中的压力不变的情况下长大的。此时 H_2 的压力 $p = \dfrac{2}{3}\sigma_{0.2}$（$\sigma_{0.2}$ 为退火温度下铝合金锭的屈服极限），根据这一规律，可以分析退火温度 T、H_2 的平均浓度 c_0 和二次气孔率 $\dfrac{\Delta V}{V}$ 之间的关系。

假定 $\alpha = \dfrac{\Delta V}{V} \ll 1$，$L = k_S$，则根据式（4.1.10）可得：

$$\left(\frac{\Delta V}{V}\right)_p = \frac{RT}{Mp}(c_0 - L\sqrt{p}) = \frac{3RT}{2\sigma_{0.2}M}\left(c_0 - k_S\sqrt{\frac{2\sigma_{0.2}}{3}}\right) \qquad (4.2.1)$$

表 4.2.1 为 A0 铝锭在不同温度下的屈服极限，从中可以看到，A0 铝锭的屈服极限随着温度的升高而降低。

表 4.2.1 A0 铝锭在不同温度下的屈服极限

	温度/℃					
	20	100	200	300	400	500
$\sigma_{0.2}$/MPa	25	24	21	15	7	1.5

图 4.2.3 为按公式（4.2.1）计算所得的二次气孔率 $\left(\dfrac{\Delta V}{V}\right)_p$、$H_2$ 的平均浓度 c_0、退火温度之间的关系。从图中可知，随着温度 T 和 H_2 的平均浓度 c_0 的增大，平衡二次气孔率 $\dfrac{\Delta V}{V}$ 急剧增大。

2) 作图 4.2.3 的计算

（1）温度 $T = 500℃ = 773\,K$，H_2 的平均浓度为 $c_0 = 0.5\,cm^3/100\,g$，由表 4.2.1 可知 $\sigma_{0.2} = 1.5\,MPa$，

$\Delta H^S = 19\,011\,cal/mol$，$k_0^S = 6.137\,6$，则：

$$k_0^{500℃} = k_0^S \exp\left(\frac{-\Delta H^S}{2RT}\right) = 6.137\,6 \times \exp\frac{-19\,011}{2 \times 1.987 \times 773} = 1.259\,88 \times 10^{-2},$$

$$p = \frac{2}{3}\sigma_{0.2} = \frac{2}{3} \times 1.5 \text{ MPa}$$

$$= 1 \text{ MPa} = 10 \text{ atm,}$$

$$\frac{\Delta V}{V} = \left(c_0 - k_s \sqrt{p}\, \frac{RT}{Mp} \right)$$

$$= (0.5 - 1.259\,88 \times 10^{-2} \sqrt{10}\,)$$

$$\frac{0.082 \times 773}{2 \times 10} \times 0.242 \times 10^{-2}$$

$$= 0.003\,5 = 0.35\%;$$

同理算得：

$$c_0 = 0.3 \text{ cm}^3/100 \text{ g 时,} \frac{\Delta V}{V} = 0.2\%;$$

$$c_0 = 0.1 \text{ cm}^3/100 \text{ g 时,} \frac{\Delta V}{V} = 0.05\%.$$

（2）温度 $T = 400℃ = 673 \text{ K}$，H_2 的平均浓度为 $c_0 = 0.5 \text{ cm}^3/100 \text{ g}$，

$$p = \frac{2}{3} \times 7 \text{ MPa} = 4.667 \text{ MPa}$$

$$= 46.67 \text{ atm,}$$

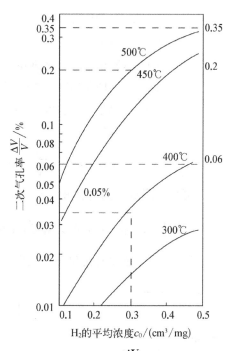

图 4.2.3　二次气孔率 $\left(\dfrac{\Delta V}{V}\right)_p$、$H_2$ 的平均浓度 c_0、退火温度之间的关系曲线

$$\frac{\Delta V}{V} = (0.5 - 5.022\,611 \times 10^{-3} \times \sqrt{46.67}\,) \times \frac{0.082 \times 673}{2 \times 46.67} \times 0.242 \times 10^{-2}$$

$$= 0.06\%;$$

$$c_0 = 0.3 \text{ cm}^3/100 \text{ g 时,} \frac{\Delta V}{V} = 0.036\%;$$

$$c_0 = 0.1 \text{ cm}^3/100 \text{ g 时,} \frac{\Delta V}{V} = 0.01\%.$$

3）应用实例

现用 A0 铝锭压铸零件，压铸件的 H_2 的平均浓度 $c_0 = 10 \text{ cm}^3/100 \text{ g}$ 时，如加热到 $500℃$ 进行固溶处理，铸件内将产生多少二次气孔？

计算程序为：

```
10   READ  k0,H,M,R1,R2,U
20   T=500
30   k1=k0×exp(−H/(2 * R1 * (T+273)))
40   W=1.5
```

```
70   p=2×W/3
80   c0=10
100   Q=(c0-k1×SQR(p))×R2×(T+273)×U/(M×p)
110   PRINT"T=";"c0=";c0,"∇V/V";Q,
140   DATA   6.136 7,19 011,2,1.987,0.082,0.242E-2
150   END
```

RUN T=500   c0=10 $\frac{\Delta V}{V}=0.076\,391\,518\,4$。

可见将形成占铸件体积 7.6% 的二次气孔。

4.2.4   二次气孔长大动力学分析

1) 用定量金相研究铝合金锭中二次气孔长大动力学过程

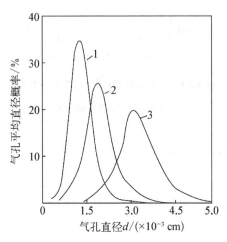

用定量金相测定了不同退火时间的铝合金锭中二次气孔直径概率分布曲线,如图 4.2.4 所示,退火时间增长时,概率分布曲线有规律地向气孔直径增大的方向移动,其移动速度主要由退火温度决定,与 H_2 浓度关系较小;分布概率、分布曲线的峰值随气孔平均尺寸的增大而降低。

2) 确定气孔长大过程的活化能

比较退火时间相同、不同退火温度下二次气孔的平均尺寸,可以确定气孔长大过程的活化能,图 4.2.5 表示了这种关系。根据图 4.2.5,存在下列关系:

退火时间: 1—15 min;2—1.5 h;3—10 h。

图 4.2.4   不同退火时间的铝合金锭中二次气孔平均直径概率分布曲线(H_2 浓度 c_0 为 0.27 cm³/100 g,退火温度为 500℃)

$$\lg d^3 = \lg A - \frac{\Delta H}{RT} \qquad (4.2.2)$$

式中,d 为二次气孔的直径,单位为 cm;ΔH 为二次气孔长大过程的活化能,单位为 kcal/mol;T 为退火温度,单位为 K;A 为与合金性质有关的系数。

从图 4.2.5 中可看出,二次气孔长大过程的活化能 ΔH(由倾向横坐标的直线倾角来表示)与金属中存在的初始 H_2 浓度关系不大。计算所得活化能 ΔH 为 14.8 kcal/mol,这个数值和 H_2 在铝中的扩散过程的活化能 $\Delta H = 8$ kcal/mol

相比较,可知扩散过程并不决定二次气孔长大动力学,这一活化能和空位在铝中的转移能量 15 kcal/mol 最接近。

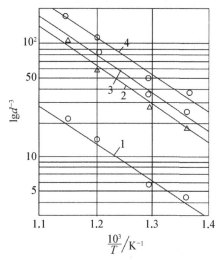

H$_2$ 浓度 c_0:1,3—0.27 cm^3/100 g;
2—0.14 cm^3/100 g;4—0.415 cm^3/100 g。
退火时间 τ:1,2—1.5 h;3,4—10 h。

图 4.2.5　气孔平均直径和温度倒数的关系

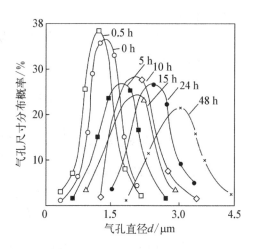

图 4.2.6　含 H$_2$ 0.23 cm^3/100 g 的 Al - 2% Cu(质量分数)合金退火时气孔尺寸的分布曲线(退火温度为 500℃,曲线上的时间为退火时间)

铝合金中二次气孔的变化过程足够复杂,图 4.2.6 中表示了 Al - 2%Cu(质量分数)合金退火时二次气孔的变化,退火时气孔分布曲线先向低值方向移动,然后再有规律地向高值方向移动;因此,认为二次气孔是由 H$_2$ 所引起的,二次气孔生成动力学是由 H$_2$ 脱除过程中转移至气孔表面的速度所决定,对二次气孔生成动力学机制的细节尚待探索。

3) H$_2$ 进入气孔的速度

从铝固溶体中析出 H$_2$ 进入气孔的动力学,曾经采用了下列模型:根据实验数据定出金属中气孔之间的平均距离,然后取出对应一个气孔的金属体积,再研究 H$_2$ 在固溶体和气孔之间的分配动力学,把 H$_2$ 在固溶体内的扩散看成是 H$_2$ 进入气孔中这一过程的限制环节,即认为在任何时刻内,H$_2$ 在气孔表面上的浓度和气孔内的压力之间存在平衡。

获得的数据证明,400℃时,H$_2$ 在固溶体中的浓度和它在气孔中总的压力之间达到平衡,所需时间不超过数秒,500℃时,达到平衡所需时间不超过 1 s,因此 H$_2$ 进入气孔中的速度不能决定金属中二次气孔长大动力学,这一分析结果指出,在高温下 H_2 的转移速度是如此之大,以至在轧制铝合金型材的塑性变形过程中,必须考虑金属和 H_2 之间的相互作用。

H_2 向气孔表面的扩散不能决定二次气孔长大动力学的另一证明,可从下列分析中得到。

设在半径为 r 的气孔中 H_2 的压力为 p,则在气孔内 H_2 的数量 N 可由理想气体状态方程式决定:

$$\frac{4}{3}\pi r^3 p = NkT \tag{4.2.3}$$

式中,k 为玻尔兹曼常数,$k = \frac{R}{N_0} = \frac{8.314}{6.022 \times 10^{23}} = 1.38 \times 10^{-23}$ J·K^{-1};N_0 为阿伏伽德罗常数;R 为气体常数。

$$\therefore \qquad N = p \times \frac{4}{3}\pi \frac{r^3}{kT} \tag{4.2.4}$$

因为气孔由 n 个空位组成,设一个空位的体积为 Ω,则

$$n = \frac{4}{3}\pi \frac{r^3}{\Omega} \tag{4.2.5}$$

据此,1 个气孔包含的空位数为

$$\frac{n}{N} = \frac{kT}{\Omega p} \tag{4.2.6}$$

400℃时,H_2 的压力分别为 1 atm、10 atm、100 atm、1 000 atm;取 Ω 值为 1.15×10^{-29} cm^3,

当 $p = 1$ atm 时,列出空位数 n 和二次气孔总氢分子数 N 之比 $\frac{n}{N}$:

$\frac{n}{N} = 1.38 \times 10^{-16} \times 673 \times 1.02 \times 10^{-6} / (1.15 \times 10^{-29} \times 10^6) = 8\,237.5$;

同理:

$p = 10$ atm 时,$n/N = 823.75$;

$p = 100$ atm 时,$n/N = 82.375$;

$p = 1\,000$ atm 时,$n/N = 8.237\,5$。

即压力越大,集中在气孔中的氢分子数量越多;温度升高时,1 个氢分子所占的空位数增加了,即 n/N 变大了;从这些数据可知,形成气孔的空位数据大大超过氢分子的数量;因为空位的扩散系数比氢原子的扩散系数小得多,则在其他

条件相同时,气孔生长的速度应由空位的转移速度来决定。

根据以上分析,二次气孔长大的机制如下:

在不含气体的空位附近,空位的平衡浓度 c_r 由下式决定:

$$c_r = c_0\left(1 + \frac{2\sigma}{2r}\frac{\Omega}{KT}\right) \tag{4.2.7}$$

式中,C_0 为空位的平均浓度;R 为空位的曲率半径。

因此,若金属中空位的实际浓度 $c < c_r$,则气孔不会长大,相反的,气孔将被溶解,生成空位,它们会提高固溶体中的空位浓度;反之,$c > c_r$,则气孔成为空位的来源,气孔将长大。

被 H_2 占据的气孔,情况有所不同,如果气孔内 H_2 的内压力 $p = 2\sigma/r$,则在这种气孔中空位的平衡浓度将等于 c_0。此时,气孔将与固溶体处于平衡;如果 $p > 2\sigma/r$,则气孔中的空位平衡浓度比平均浓度 c_0 小,气孔成为空位的来源,气孔将长大。因此,只有 $r > 2\sigma/p$ 的气孔能够长大。这个条件才能判断金属中 H_2 的平衡浓度对气孔长大的作用,如果加热前在金属中存在气孔团,则在加热提高了扩散能力后,H_2 的浓度越大,气孔中 H_2 的压力也越大,能够长大的气孔数量越多;而 H_2 的浓度低、压力小,只有大气孔才能长大。

在含有不平衡相组成的铝合金中,气孔长大的过程复杂化了,加热时,这种合金除了含氢固溶体分解外,还发生相组成的溶解。在这种情况下,开始阶段可能形成 Kirkendall(柯肯德尔)效应引起的扩散性气孔。因此,气孔团的分布曲线会移向小尺寸气孔一边。此时,形成气孔的速度由不平衡相组成的 H_2 溶解速度所决定。在退火的后阶段,如同在纯铝中一样,气孔的长大由空位向气孔表面的移动速度所决定。

4.3　铝板热处理、冷加工时气孔的变化

4.3.1　气孔的形态、数目与塑性变形率和退火温度的关系

铝合金板材中气孔的生成和变化主要和铝板的几何形状、尺寸有关,薄的铝板因为扩散距离短,能使 H_2 和空位通过表面外逸。

铝及其合金板材中有 3 类不同的气孔:① 遗传性气孔,来自铸锭中的气孔;② 由空位聚集引起的气孔,出现在 Cu 的质量分数小于 2% 的 Al - Cu 合金中;③ 出现在经塑性变形的多相铝合金中,气孔分布在多相组成的周围。某些

纯铝的数据列于表 4.3.1 中,可见结晶速度越小,气孔的直径越大,数量越少;轧制时气孔不能弥合,只能压扁,形成分层;在缓慢结晶的铸态组织中气孔的体积约占 0.05%,轧制后体积缩至 0.01%~0.03%。另有一组数据(见表 4.3.2)表明,铝板在 525~545℃ 退火,气孔体积和退火时间的长短按一有极大值的曲线变化,经长期退火后,气孔能完全消失;气孔完全消失的时间取决于铝板厚度,随铝板厚度变小而缩短;退火的第一阶段气孔数量增多,是由空位聚集引起的;继续退火使气孔消失是由于气孔聚集通过表面逸出,从能量角度看,金属表面可看成是一半径无限大的气孔。

表 4.3.1　在纯铝(99.99%)试样中的气孔尺寸表

状　　态	10 mm² 面积上的气孔数	气孔平均直径 /μm	气孔相对体积 /%
(1) 金属型铸造			
结晶初始阶段	524	3.7	0.056
结晶结束阶段	371	5.0	0.073
冷轧后(厚度从 1.85 mm 到 0.21 mm)	288	3.95	0.034
(2) 热轧前的热处理(热轧到 1.85 mm)			
460℃ 9 天(T1)	229	2.7	0.013
525℃ 7 天(T2)	284	2.3	0.012
545℃ 10 天(T3)	246	2.9	0.016
(3) 热轧后的退火规范(热轧前按 T3)			
460℃ 63 天	241	2.9	0.016
454℃ 3 天	250	3.1	0.019
635℃ 2 天	267	3.0	0.019
厚 0.5 mm 工业铝板	548	175	0.013

表 4.3.2 Al－4.5％Cu(质量分数)的铝合金热处理时气孔的变化

热处理规范		10 mm² 面积上的气孔数	气孔平均直径/μm	气孔相对体积/%
温度/℃	时　间			
厚 1.85 mm 的铝板				
545	0	0	—	—
	25 s	600	1.7	0.014
	10 min	1 370	2.53	0.069
	1 h	1 170	3.32	0.101
	4 h	233	5.27	0.052
	6 h	99	4.96	0.019
	10 h	6	5.25	0.001 3
	24 h	0	—	0
525	50 s	271	1.96	0.008
	10 min	658	2.45	0.031
	1 h	1 080	3.64	0.113
	2 h	965	3.63	0.101
	6 h	565	4.33	0.033
	96 h	98	7.35	0.042
	168 h	0	—	0
厚 0.048 mm 的铝板				
545	35 s	4	1.6	0.000 08
	30 min	15	2.1	0.000 057
	1 h	31	2.1	0.001 1
	1.5 h	21	1.6	0.000 42
	2 h	0	—	0

有学者研究了轧制时在第二相质点周围形成的气孔的行为,这种气孔的数量和冷轧时的塑性变形程度有关,Al-6%Cu(质量分数)铝合金冷轧时,气孔的数量沿一条有明显极大点(相当于塑性变形程度为75%时的厚度)的曲线变化,热处理时,气孔将消失。他们把气孔看成是非平衡空位的起源和通道来解释上述结果,同时指出,表面的氧化膜有很大影响。纯铝中的气孔和Al-Cu合金中的气孔在热处理时,表现很不一样。这是由表面的氧化膜组织发生变化或铜原子和空位之间产生反应所引起的。

B. И. Добаткин(多巴特金)用含2%(质量分数)的Cu、2%(质量分数)的Mg的二元铝合金进行了试验,证实了气孔的变化和塑性变形程度关系很大(见图4.3.1)。此时,在塑性变形程度70%时,气孔的数量最多;而D16在塑性变形程度为62%时,气孔的数量最多,可能是由于其组织不均匀性比二元铝合金大。

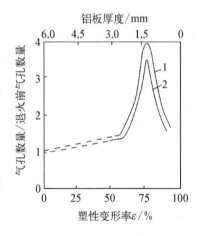

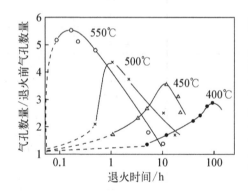

1—纵向试样;2—横向试样。

图 4.3.1　Al-2%Cu 的铝合金中气孔数目和塑性变形率的关系

图 4.3.2　Al-2%Cu 的冷轧铝合金试样在不同退火温度时气孔的变化

定量金相测定结果表明,对所有铝合金,气孔随退火时间的变化特征都是相同的,如图4.3.2所示,图中显示气孔随退火时间变化的曲线具有极大点。第一阶段,小气孔数量增多,气孔尺寸分布曲线左移,之后气孔变大,数量减少;长期退火后气孔并不消失,气孔尺寸分布曲线开始稳定。不同研究者之间数据有所差异,是由于合金的 H_2 含量不同,H_2 含量为 $0.32\ cm^3/100\ g$ 时,氢从过饱和固溶体中析出,增大气孔中的压力,从而对气孔起稳定作用。

4.3.2　气孔成长的激活能

在不同温度下研究了气孔的变化,对于 Al - 2%Cu 铝合金,退火初期、终了时的气孔成长激活能分别为 53.0 kcal/mol、29.8 kcal/mol;前者与铜在合金中溶解的激活能接近,后者与铜在合金中自扩散的激活能(32.4 kcal/mol)接近,因此可以认为退火初期气孔的变化和非平衡共晶结晶质点的溶解有关,此时形成的气孔被过饱和固溶体中析出的氢气所充满,当溶解过程结束后,起主导作用的是气孔的聚集过程。因为铝板薄,一部分金属中的 H_2 能外逸到表面;但气孔中有 H_2,能稳定气孔的尺寸,虽经长期退火,在金属中仍留下一些气孔。

4.3.3　气孔在固态金属中的扩张机制

气孔扩张机制的定量动力学分析工作尚待探究,Я. Б. Улановский(乌兰诺夫斯基)认为:在足够高温下,气孔在固态金属中的扩张,是由于溶于金属晶格中的气体与气孔中气体之间力求取得热力学上的平衡,气孔扩张的限制环节是溶解态气体向气孔表面的扩散过程。

对应于不同退火温度,气孔中的压力有一个临界压力,其值与金属的塑性有关,超过临界值,气孔便扩大。

当气体浓度超过该温度下的溶解度及其临界值,气孔体积才能扩大;如果使气体压力低于临界值,或进入气孔中新的气体不足以使压力达到临界值,气孔便不再扩大。

上述物理模型直接把气孔中压力和金属的塑性联系起来,但不能把全部过程归结为与塑性流动有关。上述概念在于提出一个临界应力,大于临界应力时,气孔将长大,在这一条件下,可按各种机制进行,而和上述理论无关。机制之一是气孔表面可能断裂,因此在发展这一理论时,并不涉及气孔扩大时,金属塑性变形过程的机制。

当气孔较大时,表面张力可忽略不计,认为气孔中的气体压力在一定温度下是一定的;当金属中气体总量不因时间而变化时,溶于晶格中气体浓度的变化完全由气孔体积的长大所决定:

$$\frac{\mathrm{d}c}{\mathrm{d}t} = -\frac{22.4Np}{RT}\frac{\mathrm{d}V}{\mathrm{d}t} \tag{4.3.1}$$

式中,c 为溶于晶格中 H_2 的浓度,单位为%;N 为气孔数目,单位为 cm^{-3};V 为每个气孔的体积,单位为 cm^3;p 为气孔中气体的压力,等于临界应力,单位为

atm;t 为退火时间,单位为 s;T 为退火温度,单位为 K。

因为气孔扩大的限制环节是溶于晶格中的气体向气孔表面的扩散,则气孔长大速度与气孔表面面积成正比,也和溶于晶格中 H_2 的浓度 c 与气孔表面 H_2 浓度 c^0 之间的浓度差成正比,而且气孔表面 H_2 的浓度 c^0 等于该温度下(和气孔中的压力相对应)气体在金属中的溶解度,即

$$\frac{dV}{dt} = \frac{RT}{22.4p}K_1(c-c^0)V^{1/3} \tag{4.3.2}$$

式中,c 为温度 T、压力 p 时气体在铝金属中的浓度;K_1 为正比于 H_2 在金属中扩散系数的常数。

因此,气孔长大过程由两个微分方程所决定:

$$\frac{dc}{dt} = -\frac{22.4Np}{RT}\frac{dV}{dt} \tag{4.3.3}$$

$$\frac{dV}{dt} = \frac{RT}{22.4p}K_1(c-c^0)V^{1/3} \tag{4.3.4}$$

初始条件为

$$V\mid_{t=0} = NV_0 \tag{4.3.5}$$

$$c\mid_{t=0} = c_0 \tag{4.3.6}$$

式中,NV_0 为气孔初始值;c_0 为溶于晶格中氢的初始浓度。

解出联立方程式(4.3.3)、式(4.3.4)得:

$$\lg\frac{W^2+W+1}{(1-W)^2} - 2\sqrt{3}\arctan\frac{2W+1}{\sqrt{3}} - \lg\frac{W_0^2+W_0+1}{(1-W_0)^2} +$$
$$2\sqrt{3}\arctan\frac{2W_0+1}{\sqrt{3}} = \tau \tag{4.3.7}$$

式中,

$$W = \left[\frac{22.4NpV}{(c-c^0RT+22.4NpV_0)}\right]^{1/3}$$

$$W_0 = \left[\frac{22.4NpV_0}{(c-c^0)RT+22.4NpV_0}\right]^{1/3} \tag{4.3.8}$$

$$\tau = 2K_1N\frac{V_0^{1/3}}{W_0}t = \frac{K_\tau(NV_0)^{1/3}}{W_0}t$$

$$K_\tau = 2K_1 N^{2/3}$$

金属中气体总量 $\sum c$ 不因时间而变化,则

$$\sum c = c_0 + \frac{22.4 N p V_0}{RT} \tag{4.3.9}$$

$$c_0 = \sum c - \frac{22.4 N p V_0}{RT} \tag{4.3.10}$$

将式(4.3.10)代入式(4.3.8)中,得:

$$W_0 = \left[\frac{22.4 N p V_0}{RT(\sum c - c^0)} \right]^{1/3} \tag{4.3.11}$$

式(4.3.7)、式(4.3.8)即气孔长大的动力学分析式。

气孔体积与退火时间有下列关系:

$$V^{1/3} = f(t) \tag{4.3.12}$$

理论的无量纲曲线有下列关系:

$$W = f(\tau) \tag{4.3.13}$$

在双对数坐标中,正确选择 W_0 时,仅仅区别比例大小,使理论曲线向实验曲线作平移,使之重合。

根据坐标轴的移动距离,可以确定 W_0、K_τ、气孔中压力临界值及表征气体移向气孔表面速度的常数 K_1。

当溶于晶格中的气体与气孔中的气体建立热力学平衡时,气孔体积为极大值,以后不再变化;此时,溶于金属中气体的浓度等于气体在金属中的溶解度,这个溶解度和该温度下气孔中气体临界压力相对应,即 $c_0 = k_S \sqrt{p}$(k_S 为气体在金属中的溶解度常数)。

考虑了上述关系及式(4.3.1),可得气孔的极限体积 $V_{\lim}$:

$$V_{\lim} - V_0 = \frac{RT}{22.4 N p}(c - c_0) \tag{4.3.14}$$

考虑式(4.3.10),可得:

$$V_{\lim} = \frac{RT}{22.4 N p}(\sum c - k_S \sqrt{p}) \tag{4.3.15}$$

以 Al-H_2 系为例,比较理论结果与实验结果,已知加热时铝中气孔将长大,

这种长大与溶于铝中的 H_2 有关。

用直径为 12 mm、纯度为 99.99% 的纯铝,热锻成圆柱形试样。用真空加热法测得该试样中 H_2 含量为 0.12 cm³/100 g,试样长度为 100 mm,在 400~500℃ 退火 48 h。

为了防止退火时 H_2 从金属中脱除,先用硼酸或硫酸在表面生成不透气的阳极氧化膜。测定试样中 H_2 含量的结果表明,退火过程中没有除气效果。通过在大气中称重和在邻苯二甲酸二乙酯[苯二甲酸 $C_6H_4(CO_2H)_2$ 与乙醚 $(C_2H_5)_2O$ 混合]中称重,求得试样的密度来确定气孔率。

按气孔随时间增大的实验曲线和理论的无量纲曲线在双对数坐标中的重合来确定 W_0、K_τ。图 4.3.3(a)为乌兰诺夫斯基的实验数据和按理论计算得到的数据;图 4.3.3(b)比较了理论计算的数据和获得的实验数据,H_2 浓度为 0.4 cm³/100 g 的铝中气孔体积和时间的关系。从图 4.3.3 可见,退火后,经过一段时间,理论曲线和实验曲线非常吻合。

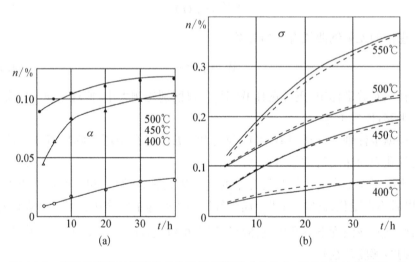

图 4.3.3 气孔体积随时间变化的实验数据[图(a)中的点,图(b)中的虚线]与理论计算数据(曲线)比较[(a)和(b)的实验数据分别来自不同文献]

为了描出实验曲线的开始部分,必须考虑金属表面张力对气孔长大的作用及浇注、凝固时气孔在生成和挤压变形中被压缩。作为温度函数的 K_τ 找到后,示于图 4.3.4 中,按照这些数据计算,气孔长大速度的激活能等于 18.0 kcal/mol,这个数据和 H_2 在铝中的扩散激活能非常接近,这一事实证明了气孔长大速度的限制环节是金属中气体向气孔表面的扩散。

找到 W_0 后就能确定气孔中气体的压力:

$$\sqrt{p} = -\frac{k_{\text{S}}RTW_0^3}{22.4NV_0} +$$

$$\sqrt{\frac{k_{\text{S}}RTW_0^3}{22.4NV_0} + \frac{\sum cRTW_0^3}{22.4NV_0}}$$

$$(4.3.16)$$

气孔中气体的压力作为温度的函数比铝的屈服强度小得多。这是由于铝的屈服强度与气孔周围微区内材料的抗拉强度有区别,也由于气孔是在材料最弱处产生的。

另一种确定气孔中压力的方法是根据溶于金属中的气体与气孔中的气体建立热力学平衡时达到的气孔体积的极限值来计算。按式(4.3.16)有:

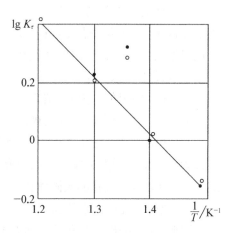

•—乌兰诺夫斯基的数据;○—Ransley 的数据。

图 4.3.4　确定扩散速度的常数 K_r 和温度的关系

$$\sqrt{p} = -\frac{k_{\text{S}}RT}{22.4NV_{\text{lim}}} + \sqrt{\left(\frac{k_{\text{S}}RT}{22.4NV_{\text{lim}}}\right)^2 + \frac{RT\sum c}{22.4NV_{\text{lim}}}} \qquad (4.3.17)$$

从图 4.3.3 中可知,退火 30 h 后,气孔长大速度剧烈下降,退火 40 h 后,气孔体积达到了平衡值(极限)。根据铝中气孔极限体积来确定 H_2 在气孔中的压力,如图 4.3.5 所示。用两种不同方法所确定的气孔中压力获得了相同的结果。气孔中 H_2 的压力和铝中最小临界 H_2 含量相当,此时开始形成气孔(即 $c_{\text{kp}} = c_0$)。

实际上,如果金属中气体浓度比压力为 p 时的溶解度小,则气孔不可能长大;图 4.3.5 为 H_2 在铝中的临界含量与退火温度的关系。

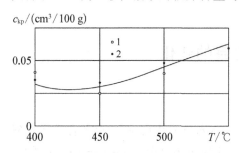

1—乌兰诺夫斯基的数据;2—阮思磊的数据。

图 4.3.5　H_2 在铝中的临界含量 c_{kp} 与退火温度 T 之间的关系

图 4.3.5 中曲线上方区域的气孔将长大,下方区域的气孔不再长大。

H_2 在铝中的临界含量和温度的关系曲线在 450℃处有极小值,值得探究,原因可能是随着温度的升高,H_2 的临界浓度将由两个相反因素决定:一方面,增大 H_2 在铝中的溶解度,金属变形所需的压力降低了;另一方面,在 400~450℃区间内 H_2 的溶解度连续上升时,气孔中气体的压力急剧下降。综合结果是,随着温度的升高,H_2 在铝中的临界含量降低了;继续升高温度,气孔中气体压力基本不变,而气体溶解度则按抛物线规律增大,H_2 的临界浓度通过极小值以后,于 550℃ 时达到 0.06 $cm^3/100\ g$;在铝半成品生产条件下,在 400~550℃ 范围内退火,不可能获得 H_2 浓度低于图 4.3.5 中的临界值。因此,结论是铝半成品中都有微气孔。

从式(4.3.15)可知,气孔的极限体积与金属中气体总含量呈直线关系,比较图 4.3.3 中的曲线及分析式(4.3.7)后指出,气体总含量在很大程度上决定了气孔长大动力学。增大金属对塑性变形的抗力、增大气体在金属中的溶解度,根据式(4.3.15)会减小气孔的极限体积;改变气孔核心数目 N,虽然改变了气孔的大小,但不改变气孔的极限体积。

因此,作者提出的气孔长大动力学的物理模型和实验中的观察是吻合的。

固态金属中气孔长大的驱动力是溶解态气体与气孔中气体之间的热力学平衡。气孔长大的限制环节是气体向气孔表面的扩散。对应于每一个退火温度,存在一个气孔中气体的临界压力,这个压力由金属的塑性指标所确定,超过这个临界压力,气孔将长大。而当溶解态气体和气孔中气体之间建立起热力学平衡时,气孔不再长大。

临界气体浓度(超过这个浓度气孔将长大)是与该温度下,气孔中气体压力下的气体溶解度对应的。

上述导出的许多公式及含有一定气体浓度的金属中气孔长大动力学的实验数据,可用来决定气孔长大过程的某些参数(气孔中压力、气体移向气孔表面的速度系数等)。有了这些参数,可以定量地预测含有不同浓度气体的材料的气孔长大过程,也可决定金属中气体的临界浓度,低于这个浓度,气孔将不再长大。

此外,这些方程式还能预测气体-金属系统的性质变化对气孔长大特点的影响,从而正确地选择避免气孔长大的方法。

4.4 铝及其合金退火时气体含量的变化

4.4.1 氧化动力学曲线

铝及其合金退火时,在不同程度上会和水蒸气发生反应,使铝及合金元素氧化,氧化膜对继续反应影响很大。如图 4.4.1 所示为合金与 $p_{H_2O} = 0.1$ atm 的水蒸气作用时的氧化动力学曲线,从中可以看到,随着温度的升高,氧化的初始速度增大,氧化很快,直至增重达 5~6 mg/cm^2,然后氧化速度下降,增重趋于一定值 6 mg/cm²。由于试样表面毛糙，在 550～625℃ 之间的 575℃ 时有最大的增重。

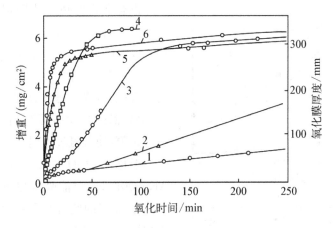

1—500℃；2—525℃；3—550℃；4—575℃；5—600℃；6—625℃。

图 4.4.1　铝在 $p_{H_2O}=0.1$ atm 时的水蒸气中的氧化动力学曲线

在 1 cm² 表面上有 1 mg 氧能生成 53 nm 厚的氧化膜，计算不同氧化期氧化膜的厚度，如图 4.4.1 右边坐标所示（试样的粗糙度为 1.5～2），因此氧化膜真正的厚度要比图 4.4.1 所示的小，如果考虑到室温时氧化膜的厚度为 20 nm，则氧化膜的极限厚度不到 300 nm，约为 170～220 nm。

4.4.2　水汽压和表面氧化膜性质对氧化、吸氢、脱氢的影响

在水蒸气中退火时，最初瞬间氧化极快，这是由于此时生成的无定形氧化铝的成长速度比晶体氧化铝快得多。晶体氧化铝是在增重达 0.5～1 mg/cm² 时生成的，氧化速度也开始有所下降。当增重达 6 mg/cm² 时，速度快速地慢下来，此时在致密的氧化膜表面开始形成疏松的氧化膜，氧离子和铝离子很难扩散通过疏松的氧化膜。电镜分析表明，高于 500℃ 时，铝和水蒸气反应在铝表面生成的氧化铝是不含结晶水的。

H_2 的原始含量为 0.1～0.4 cm³/100 g 时，氧化过程的进行方向取决于退火炉中的水汽压和表面氧化膜的性质。通常，铝在 500℃ 的大气中退火，主要是吸气，因为在这种条件下氧化膜能阻止 H_2 从金属内析出，但对 H_2 渗入金属无阻碍；如果表面氧化膜很疏松，退火温度又高于 500℃，则会出现有利于脱氢的条件。

有学者发现，在电阻炉或煤气中加热时，即使合金锭的初始 H_2 含量已经超

过 1 atm 时的溶解度,铝合金中的 H_2 含量也会明显地提高;纯铝初始 H_2 含量为 0.2 $cm^3/100$ g,在 450～480℃退火也得到类似的结果。

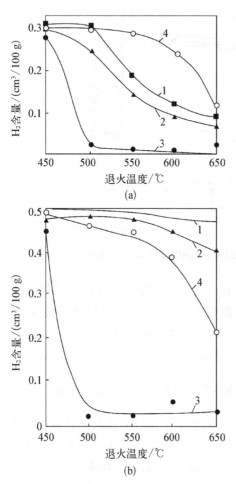

(a)

(b)

图 4.4.2 炉气中湿度、退火温度在加热速度为 500℃/h(1,2,3)、50℃/h(4)时对工业纯铝(a)、高纯铝(b)中 H_2 含量的影响

也有学者得到的结果相反,当纯铝初始 H_2 含量为 0.3～0.5 $cm^3/100$ g,在 450～600℃退火,大气湿度为 15～40 g/m^3,H_2 含量降低(见图 4.4.2)。提高炉气湿度,降低退火温度,减慢加热速度,提高铝的纯度等都有利于生成致密的氧化膜,使脱氢过程迟缓。

根据炉气的湿度不同,AMr6 和 AK6 中的 H_2 可能吸进也可能脱出,这取决于湿度的临界(平衡)值,如 AMr6 中初始 H_2 含量为 0.4 $cm^3/100$ g时,临界湿度为 0.5 g/m^3。

在铝表面涂一层脂肪,提货时 H_2 含量也将增加。分析已公布的数据可知,铝及其合金加热时 H_2 含量的变化是两个不同过程的综合结果:与水蒸气反应时应吸氢,而通过扩散则脱氢,过程进行的方向和强烈程度取决于氧化膜的透氢性能(厚度和结构)、氧化速度、H_2 在固体铝中的扩散速度、水蒸气压力及 H_2 的过饱和程度等。

厚 1 mm 的铝板在 550℃的大气中退火,先是增加 H_2 含量,继续退火,H_2 含量将明显降低。研究铝及其合金与水蒸气反应时,也得到类似的结果,可见,动力学曲线的两极性与退火时氧化膜组织、结构的改变有关。

退火时,先在表面形成疏松的无定形氧化铝,促进铝和水蒸气反应,增加 H_2 含量,继续退火,520～550℃之间无定形氧化铝转化为晶体型 γ-Al_2O_3,阻止铝和水分子反应。同时,H_2 通过氧化膜外逸,H_2 含量将明显降低。

美国铝业(AlCOa)澳大利亚分公司的热处理工艺:铝板在高于400℃的含

有氟化硼炉氛中退火,将除去大部分氢气。另一种方法是退火温度为 480~520℃,炉氛中 O_2 的质量分数小于 2%,露点低于—70℃,将有 90% 以上的氢被除去,从而消除气孔。

如果通过阳极氧化,在表面形成一层约 $10\ \mu m$ 的氧化膜,则不论是什么炉氛,在热处理过程中,铝板中的氢浓度不再变化。在氧化性熔盐中,进行化学氧化处理,也有类似结果。

4.5　铝及其合金塑性变形型材表面上的气泡

4.5.1　生成气泡的原因

铝及其合金塑性变形型材表面上的气泡是常见的缺陷,常见于氧化夹杂或 H_2 含量高的型材上,生成气泡的原因是各种各样的,机理可能有以下几种。

(1) 气体分子或气态物质夹杂物,如铸锭中的气孔、塑性加工时落入的润滑材料或卷入的气体。

(2) 溶解态 H_2 在金属内表面析出。

(3) 溶解态 H_2 和氧化夹杂反应产物。

按其生长动力学特性,可分为膨胀性气泡和扩散性气泡。

(1) 膨胀性气泡是在退火时,H_2 压力很高的气泡膨胀所致。温度升高时金属的力学性能下降,容易产生膨胀性气泡,也可能是高温下润滑材料分解产生的气泡。膨胀性气泡内可能含有空气或其他气体。

(2) 扩散性气泡是 H_2 自过饱和固溶体中析出,落入塑性加工形成的空隙中所形成,或是铝和水蒸气反应在表面出现的 H_2 所引起。为了生成扩散性气泡,必须的条件是存在 H_2 在其中能进行分子化的内表面,即必须有气泡核心。在高温下这种核心可能是缩孔、各种类型的空洞、氧化夹杂、易熔组成物等,也可能是基体金属和包覆层焊接不好而引起的缺陷。气泡内总是充满氢气。

4.5.2　铝型材因气泡而报废的统计

工厂的生产实际表明,因气泡而报废的铝型材具有季节性,夏季多而冬季少,而且薄板少而厚板多。图 4.5.1 和图 4.5.2 为同一冶金工厂废品的多年统计数据与季节、厚度的关系。

从图中可见,不同年份同一月份的废品率虽然波动很大,但根据气象资料,废品率和大气中的湿度密切相关。尤其是铸造车间的微气候影响最大,因存在着大

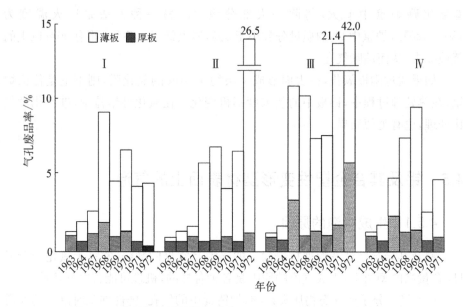

图 4.5.1 废品的统计数据与季节（Ⅰ、Ⅱ、Ⅲ、Ⅳ四季）、厚度的关系

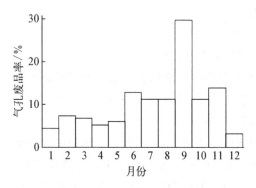

图 4.5.2 按月统计的气孔废品率

量水蒸气蒸发的表面积，车间的高温使绝对湿度很高，铸锭中极易生成大量气孔，从而提高了气孔废品率。

试验证明，气孔废品率和铝锭的皮下气孔直接相关，连续铸锭时，结晶器内保持低的金属液水平，能明显消除皮下气孔，降低气孔废品率。

废品率曲线形状和塑性变形度的关系是由产生不连续缺陷所决定的。

在金属组织中的显微缺陷和退火后金属表面气孔数量之间存在着密切的关系，此时和缺陷的起源（无论是在铸造过程中产生的还是在塑性变形过程中产生的）是无关的。轧制时，影响铝板表面生成气孔的主要因素是塑性变形的次数和载荷的大小。当轧制时的比压很小，相应的轧制次数虽然多，不足以使显微缺陷弥合，气孔的数量会增多；当压缩比大，使显微缺陷弥合，从而改善了铝板的质量。

当采用大应力轧制时，能弥合铝锭中的气孔；为弥合显微缺陷的临界压力，按 B. A. Ливанов（利万诺夫）的数据，轧制压强为 $39 \sim 40$ kgf/mm^2（1 kgf = 9.806 65 N）为宜。

第 5 章
铸锭、型材中形成分层的规律

　　本章首先介绍铸锭、型材中气体形成的缺陷分类,变形型材分层的不同形状,然后介绍熔炼和浇注工艺、铸锭形状和尺寸、铸锭晶粒数量和形状、气孔、合金成分和组织不均匀性、金属纯净度、气体、夹杂、热处理、金属塑性变形等对铸锭、型材中形成分层的规律,讨论了形成分层的机制,最后介绍了气体和分层对铝及其合金性能的影响。

5.1　铸锭、型材中气体形成的缺陷分类

5.1.1　气孔

　　铝型材、半成型铝制件的许多缺陷都和气体有关,铸材中的缺陷可分两类:气孔和非金属夹杂。在半连续铸锭中很少有大气孔,只有在铸锭的顶部、底部因断流或浇注漏斗过深会出现。铸锭中常出现枝晶间小气孔,即凝固时形成的缩气孔,气孔的表面可能被氧化或被水化物覆盖;在均匀化处理或塑性变形时加热会出现二次气孔,这和过饱和氢析出有关,通过真空退火能被消除。

5.1.2　非金属夹杂

　　非金属夹杂可分为三类:大型的炉渣、飞溅的氧化皮和弥散状 Al_2O_3。宏观检验不能发现 Al_2O_3,但高倍显微镜能观察到。含镁的铝合金中,氧化夹杂以尖晶石形式出现,含镁大于 1% 时以 MgO 形式出现,在磨片上,Al_2O_3 呈细微集合状或是紧密的刚玉,后者因掺有其他金属氧化物而变暗。氧化夹杂通常自金属液表面卷入,表面吸附着 H_2。弥散状 Al_2O_3 悬浮在铝液中,影响铸材的组织和性能。在定性测定时,按试样的晶粒度判断;在定量测定时,用化学分析方法测定。

5.1.3 缺陷严重程度分类

半成型铝制件中因气体引起的缺陷按严重程度可分为三类:① 超微不致密,肉眼观察或光学显微镜观察都不能发现;② 微观不致密,肉眼观察或超声波都不能发现,光学显微镜观察能发现,断口表面不平整,对性能的影响比超微不致密要大;③ 宏观不致密,在磨片或加工表面上,用肉眼观察或超声波均能发现,在断口的表面有和塑性变形方向相应的平行台阶。以上三类不致密缺陷大小之差,可达 2~3 个数量级,如图 5.1.1 所示。

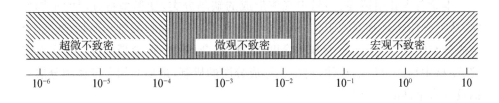

伸长量/cm

图 5.1.1　不致密缺陷大小的谱线

形成宏观不致密的因素很多,很难查清,形成机理也不清。不同学者所用名词也不同,如:"氧化膜""线缺陷""分层""条状分层""条状裂纹"等。在许多文献中,"分层"的分类或根据颜色,或根据产生原因,也有兼顾两者的。表 5.1.1 为变形型材内部缺陷的分类,除了"分层"外,还包括"粗大组织"缺陷,在塑性变形方向上,金属结合脆弱,而"分层"则因沾有氧化膜金属基体被割裂。

表 5.1.1　变形型材内部缺陷的分类表

缺陷名称		缺陷外观	缺陷显微组织
分层	不吸附氢的 Al_2O_3	分层表面有 Al_2O_3,色泽从暗到亮	Al_2O_3 组织,没有裂缝
	吸附氢的 Al_2O_3	分层表面有 Al_2O_3,色泽从暗到亮	沿金属流动方向不连续,有 1 mm 及以上的裂缝
	气孔	分层表面如镜面	沿金属流动方向不连续,有 1 mm 及以上的裂缝
粗大组织	因组织不均匀引起的粗糙	分层,与周边无色差	合金相组织点状分布,无裂缝

续　表

缺陷名称		缺陷外观	缺陷显微组织
粗大组织	因 Al_2O_3、气孔引起的粗糙	分层,与周边有色差	二次组织、Al_2O_3 点状分布,无连续的裂缝,只在破断时有裂缝
	因气孔引起的粗糙	分层,与周边无色差	二次组织、Al_2O_3 点状分布,无连续的裂缝,只在破断时有裂缝

5.2　变形型材分层的不同形状

为能有效地消除"分层",必须分清不同工艺的制品:锻件、模锻件、板材、铸锭、各种压制品等,了解其熔炼、浇注、热处理工艺。大型件容易产生分层,模锻件更易产生分层,薄板件次之,成型件再次之。大多数分层无色,黑色和咖啡色只占约 10%,系氧化渣引起,可作为精炼工艺优劣的判据。

试验研究及生产经验表明,同一种金属的半成品会产生程度不同的分层缺陷,如挤压时不产生分层,而锻造、模锻会产生分层,分层一般沿塑性变形时金属流动方向发生。在磨片上分层通常呈阴影线状,长约 $0.5\sim3$ mm,个别分层可达 10 mm;在横向磨片上很特殊,中心部位有暗色条带(金属最大流动处),没有阴影线,而在相邻表面处,有阴影线。至今尚无可靠的萃取分层中氧化皮的方法。

断口检验时,大多数缺陷或是塑性组织,或呈现为与基体金属之间无明显界限的折叠状或小台阶(见图 5.2.1)。这种缺陷表面呈灰色,间或带有小亮点夹杂物,淬火后,缺陷的组织、灰色会改变;只有少数分层缺陷有完全的或局部的蜂窝状组织(见图 5.2.1),这种组织很像铝液表面的氧化膜;超声波检验能发现含非金属夹杂(熔渣、金属间化合物)及有发亮表面的分层;如缺陷有混合的表面色

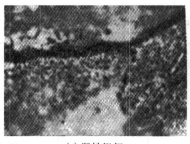 

(a) 塑性组织　　　　　　　(b) 多孔组织

图 5.2.1　分层的表面组织

彩(灰色和发亮),则根据检验样块确定缺陷的尺寸,基本与发亮的缺陷相符。

模锻件中的分层有一种特点,即分层的数量和面积在平行于压机分型面处(Ⅲ),明显多于端面处(Ⅰ),如表 5.2.1 所示。

表 5.2.1　缺陷沿模锻件高度的分布(28 个模锻件)

截面号	缺陷数量	单个缺陷的面积/cm²	缺陷的总面积/cm²
Ⅰ	367	0.5~270	1 485
Ⅱ	64	0.5~7	299
Ⅲ	10	0.5~2	85

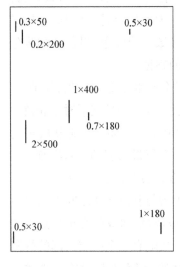

图 5.2.2　超声检验出 AMr6 板带 (1.0 mm × 1 450 mm × 3 000 mm)中分层的分布图

增大模锻件尺寸会增加分层,以 Д16 合金为例,尺寸为 25 mm² × 25 mm² 的试样,缺陷系数为 2.3 mm²/cm²,而尺寸为 45 mm² × 45 mm²、70 mm² × 70 mm² 的试样,对应的缺陷系数分别为 21 mm² × 3 cm²、23 mm² × 6 mm²/cm²。

在带材和板材中的分层主要分布在厚度中间,呈点状,如图 5.2.2 所示。图中数字为宽度×长度,单位为 mm。

经淬火、时效的 CAB-1 铝板中分层与厚度的关系是:随厚度的变小,超声检验出的分层增加,如表 5.2.2 所示。

对于带材,情况相反:随厚度的变小,超声检验出的分层减少,如表 5.2.3 所示。

表 5.2.2　CAB-1 铝板中分层与厚度的关系表

厚度/mm	铝板数目	检查面积/m²	缺陷总数	单位面积缺陷数/m⁻²
85	2	10.8	83	7.67
75	7	31.5	161	5.0
65	17	10.9	2 084	19.1
40	9	17.5	1 512	86.5

表 5.2.3　AMr6 锻铝带超声检验结果

厚度/mm	锻铝带数目	报废锻铝带数目	
		个	占比/%
4.5	417	93	22.3
3.5～4.0	2 495	227	9.1
3	891	90	10.1
2.5	55	2	3.6
2	148	5	3.4

5.3　熔炼、浇注工艺的影响

混熔炉中最先浇注的铝锭,模锻后容易产生分层,后续浇注的分层较少:第一个模锻件的分层为 0.13～0.19 mm²/cm²,第四个模锻件的分层为 0.02～0.03 mm²/cm²。封闭式浇注(分层为 0.17 mm²/cm²)和敞开式浇注(分层为 0.15 mm²/cm²)与前者效果相仿。

浇注前的静置效果很好,静置 10 h后,纯净度提高 2 倍,如图 5.3.1 所示。有学者研究了炉料成分对分层的影响,浇注 40 次,一半为新料,另一半有 20% 的经精炼的重熔块,结果显示两者没有区别。炉料的比表面积大小影响不大,用铝锭或 1～2 级的废薄板料浇注的 D16 质量相仿。水汽压分别为 0～4 mmHg、4～6 mmHg、6～14 mmHg 时,污染系数分别为 0.08 mm²/cm²、0.16 mm²/cm²、0.20 mm²/cm²。根据文献的数据,大容量反射炉的水汽压可达 7.5～16.4 mmHg,电炉内只有 0.8 mmHg。Габидулин(加比杜林)没

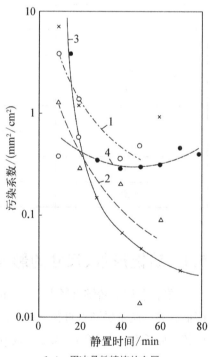

1,4—用冰晶粉精炼的金属;
2,3—经真空精炼的金属。

图 5.3.1　金属液静置后污染系数降低曲线

有发现不同炉型之间的区别,容量 10 t 的电阻炉、容量 10 t 的反射炉、容量 10 t 的重油炉的污染系数分别为 0.38 mm²/cm²、0.28 mm²/cm²、0.31 mm²/cm²。A. Г. Aroeв(阿戈耶夫)得到相同的结果。可见,当用经过滤的金属液时,无论在反射炉或电阻炉中熔炼,试样的污染系数相同;熔炉熔化方法虽有影响,但铝液转注、混熔炉型号、浇入混熔炉后的处理工艺及浇入结晶器中的方式等影响更大;合金液的精炼很重要,用玻璃布过滤也能明显降低污染系数,如表 5.3.1 所示。受控的有分层的试样数目与铝锰合金带的厚度有关。

表 5.3.1 AMr6 锻铝带超声检验结果汇总表

铝带厚度/mm	有分层的履带数目占比/%	
	未经玻璃布过滤	玻璃布过滤
1.0	1.6	0.15
1.5	2.7	0.4
2.0	3.3	0.6
2.5	7.0	0.7
3.0	9.4	1.2
3.5	14.0	0.9
4.0	14.5	1.1
4.5	17.5	2.0
5~10	18.4	1.6
平均	7.2	0.9

5.4 铸锭形状、尺寸的影响

研究者认为,铸锭直径大于 500 mm 后,分层急剧增加,这与大尺寸铸锭的塑性降低有关。在 400℃时,直径 280 mm 的 B93 合金铸锭伸长率为 83%,直径 650 mm 的铸锭伸长率只有 58%。A. Д. Андреев(安德烈耶夫)在论文中指出,直径为 500 mm 时,分层少于 1%,500~600 mm 时,分层占 7%~9%;820 mm 时,分层占 40%;1 100 mm 时,分层占 100%。有学者指出,增大直径时,发亮的分层缺陷增加,灰色的分层缺陷减少;但由于灰色分层数量大,总的缺陷率(灰色分层+发亮分层)随直径增大而减少,如图 5.4.1 所示。用直径 550～600 mm 的铝锭代替常用的直径 240～390 mm 的铝锭,质量为 50～250 kg 的 AMr6、AK6、AK8 铸锭(裂口<5 mm)轧制后,出现的分层很少。在图 5.4.2 中,用直径为 650 mm 的铝锭制成的 AMr6 半成型件的分层比用直径为 520 mm 的铝锭制成的 AMr6 半成型件的分层多。

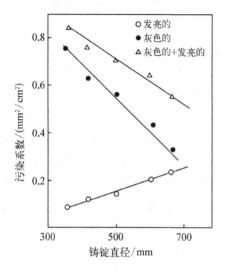

图 5.4.1　AMr6 锻件直径与污染系数的关系　　图 5.4.2　不同直径铝锭的 AMr6 半成型件的成品率与变形率的关系

Г. В. Чилипак(奇利帕克)用直径为 830 mm 的 AK4‑1 和 AMr6 圆形铝锭制成的半成品,与用面积相同的方形铸锭(560 mm×1 080 mm)制成的半成品相比,后者的质量好得多。发现的缺陷是发亮无色的分层,认为是两者的组织和密度不同所致,如表 5.4.1 所示。

表 5.4.1　不同形状 AK4‑1 铝锭的质量统计表

铝锭尺寸/mm	密度/(g/cm³)			组织特征	经均匀化处理的力学性能				H₂含量/(cm³/100 g)
	外周	中心	平均		σ_b/(kg/mm²)	$\sigma_{0.2}$/(kg/mm²)	δ/%	α_H/(kg·m/mm²)	
560×1 080	2.774	2.771	2.773	致密细晶粒	20.6	17.6	12.3	0.63	0.21
φ830	2.770	2.776	2.767	细晶粒,中心有气孔	18.2	17.1	9.8	0.58	0.22

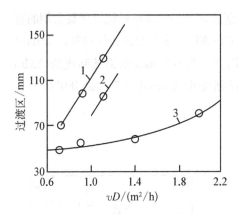

1—铸锭直径 800 mm,结晶器高 180 mm;
2—铸锭直径 800 mm,结晶器高 140 mm;
3—铸锭直径 370 mm,结晶器高 180 mm。

图 5.4.3 过渡区大小与铝锭直径 *D* 和浇注速度 *v* 的关系

不同的铸造方法决定铝锭不同的组织,影响制成品的质量。主要影响因素包括以下五方面,一是冷却速度;二是结晶速度,决定枝晶大小;三是过渡区的大小,由合金的理化性能和冷却速度决定,如图 5.4.3 所示为不同大小铝锭的过渡区与铝锭直径和浇注速度的关系;四是铝锭直径,直径大、冷却速度降低,利于扩散,能减少晶间偏析,如图 5.4.4 所示。同一截面上晶粒度可相差一倍,如图 5.4.5 所示。

当液相中温度梯度大、铝液稳定时会出现扇形晶粒,AMЦ、B92、AMr6 最易形成,B95 次之,工业级纯铝、Д16、K6、AK8、AMr6、B93、AK4-1 再次之。随铝锭直径增大,扇形晶粒增多。直径为250 mm、52 mm、850 mm 的铝锭中,扇形晶粒分别占1.1%、3.9%、5.7%。含高熔点金属元素的铝锭中的金属间化合物晶粒,悬浮在金属液中结晶时,自周边向中心生长,截面越大,晶粒越大。气孔对分层的影响很大,其次是晶粒的大小和均匀度。

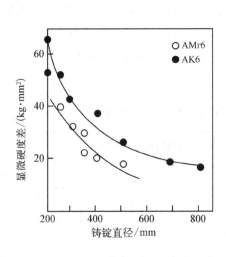

图 5.4.4 AMr6、AK6 枝晶内偏析与铸锭直径的关系

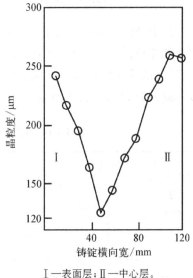

Ⅰ—表面层;Ⅱ—中心层。

图 5.4.5 228 mm×1 370 mm 的 AMr6 铝锭横向平面上的晶粒度变化曲线

5.5　铸锭晶粒数量、形状的影响

在高温塑性变形时铸锭中金属的塑性与半制成品质量之间存在一定联系，扇形晶粒和柱状晶容易产生分层，如图 5.5.1 所示；细晶粒的伸长率比扇形晶粒和柱状晶高，尤其在高温时段，如表 5.5.1 所示。

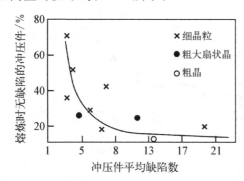

图 5.5.1　B95 冲压件废品数与铸锭组织之间的关系

表 5.5.1　B95 宏观晶粒与铸锭力学性能之间的关系

晶　粒	试验温度/℃					
	20			400		
	σ_b/(kg/mm^2)	$\sigma_{0.2}$/(kg/mm^2)	δ/%	σ_b	$\sigma_{0.2}$/(kg/mm^2)	δ/%
粗大扇形晶粒	24.3	14.1	7.8	4.2	3.8	69.4
细晶粒	22.0	12.1	8.6	4.4	4.1	84.4

有学者研究了 AB 合金铸锭晶粒度对拉伸时的塑性、沿焊缝边缘的分层废品及超声检验发现的分层废品的影响。因组织的特点不同，金属的塑性有如下的变化（见图 5.5.2）：细晶粒的铸锭在热加工温度 380～420℃下有最大的塑性，中等尺寸晶粒的铸锭在热加工温度 480～520℃下有最大的塑性，晶粒不均匀的铸锭在热加工温度 420～470℃范围内塑性下降。

不同晶粒组织的铝锭中，锰过饱和固溶体按不同方式分解，引起塑性不同，因此，随塑性增大，焊缝中分层减少，如图 5.5.3 所示。

有学者证明，450℃时的伸长率从 55.8% 上升到 66.9%，模锻件的废品率从 10 个减少为 1 个。在拉伸速度为 2×10^{-6} m/s 时，铸锭的晶粒粗、细对产生

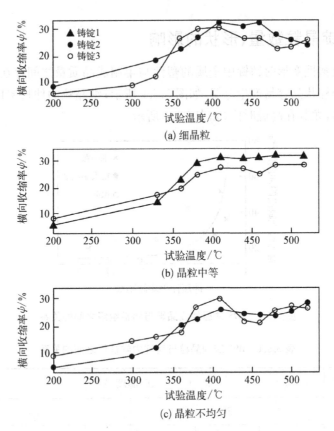

图 5.5.2　不同晶粒度的 AB 合金铸锭拉伸时的塑性变化图

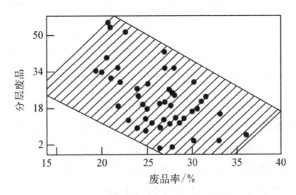

图 5.5.3　合金铸锭 AB 塑性与废品率的关系

局部塑性变形有很大区别(见表 5.5.2),随温度升高,其差别更显著。粗晶粒或不均匀晶粒在塑性变形时容易产生显微裂纹。粗晶粒金属塑性比细晶粒金属塑性不均匀,破坏功小,变形速度为 2×10^{-6} m/s,拉伸时,细晶粒 Al - 9.5%Mg 的破坏功为 6.0 kgf·m,而粗晶粒(直径 2.5 mm)的只有 3.2 kgf·m;粗晶粒铸锭塑性变形时容易产生分层。

表 5.5.2 A99 局部塑性变形和晶粒大小的关系

晶粒平均尺寸/mm	平均局部塑性变形率/%	试验温度 20℃		试验温度 300℃	
		最小局部塑性变形率/%	最大局部塑性变形率/%	最小局部塑性变形率/%	最大局部塑性变形率/%
0.5	30	10	60	0	90
5	30	0	84	0	180

5.6 气孔的影响

分层和铸锭中的气孔有直接关系,把经除油并切削成直径 45 mm 的 Д16 试样,在水蒸气压力可调的炉内均匀化,发现显微气孔对缺陷生成的影响很大,如表 5.6.1 所示。

表 5.6.1 Д16 工艺试样的气孔率、缺陷率与热处理规范之间的关系表

热处理规范	试样气孔率	工艺试样数	断口面积/cm²	缺陷率/(mm²/cm²)
未处理	0.006	185	2 022	0.3
电炉内 500℃均匀化 24 h	0.022	141	1 344	1.2
在水蒸气中 500℃均匀化 24 h	0.140	179	1 957	1.9
在真空度 1×10^{-2} mmHg 中 500℃均匀化 24 h	0.018	151	1 618	0.2

经热处理后,气孔率都增大了,尤其在水蒸气中热处理,气孔率、缺陷率都增大,在真空中处理,目视的气孔率虽增加,但缺陷率不大。研究发现,直径为 530 mm 的 Д1 密度增加时,超声波熄灭度变小,明显减少了模锻件中的废品。В. И. Уаковлев(雅可夫列夫)在论文中指出不产生分层的铸件的物理-力学性能,如表 5.6.2 所示。直径为 530 mm 的 Д1 模锻件中,气孔率大于 0.4% 后,超

声波的信号回响与致密的模锻件相比要大 10 倍。

表 5.6.2   不产生分层的铸件的物理-力学性能

合金牌号	最大铸锭直径/mm	超声波吸收率不大于 D_{db}/dB	三向压缩和密度改变不大于 /(g/cm³)	400℃时伸长率不小于 /%
Д1	720	2.0	0.005	60
Д16	650	1.6	0.003 5	60
AK4 - 1	85	1.4	0.003 5	60

用直径 274 mm、82 mm 的 B96 铸锭作试样,前者压成直径 50 mm 的棒,然后模锻,后者只进行模锻,尽管与直径 274 mm 的铸锭之间质量差别很大,所有棒材既没有宏观气孔,也没有显微气孔,因为三维压缩时,气孔被严密封闭。有宏观气孔的铸锭压成的试棒中,气孔只能用荧光探伤发现,但在冲压时气孔重新被撕开,很容易在磨片或断口中看到。

有气孔的铸锭,缺陷率为 7.6 mm²/cm²,无气孔的缺陷率为 0.02 mm²/cm²。直径 82 mm 的铸锭,冲压成宏观磨片时,看到不长的分层,但在断口中有光亮斑点的小缺陷;无气孔的铸锭制成的冲压件中没有分层。

三维压缩铸材的效果很好。直径 460 mm 的 AK6 和 Д1 在高温下以比压 98 kg/mm² 进行三维压缩,密度增加,消除了长时期腐蚀产生的选择性腐蚀点,大大改善了塑性。530℃时进行三维压缩,几乎没有缺陷;铸锭的均匀化处理、改变三维压缩的保持时间对缺陷数量影响不大,如表 5.6.3 所示。

表 5.6.3   由三维压缩铸锭制成的 AK6 冲压件超声检验结果汇总表

压缩温度 /℃	三维压缩的保持时间	冲压件缺陷数			
		未经均匀化处理的铸锭		经均匀化处理的铸锭	
		<2 mm	>2 mm	<2 mm	>2 mm
20	10 s	6	4	6	1
	5 min	15	7	9	4
360	10 s	3	1	2	—
	5 min	2	—	5	—

续　表

压缩温度 /℃	三维压缩的保持时间	冲压件缺陷数			
		未经均匀化处理的铸锭		经均匀化处理的铸锭	
		<2 mm	>2 mm	<2 mm	>2 mm
480	10 s	3	—	6	1
	5 min	—	—	3	—
530	10 s	—	1	1	1
	5 min	2	1	1	1

电子显微镜对 AK6 半成品观察了分层的表面组织和空洞的表面组织,发现塑性变形后,空洞的表面组织会被保存。为获得冲压件,使用了热压成型的棒材,塑性变形前,在 500℃的水蒸气中保持 24 h,提高了 H_2 含量 $0.3 \sim 10$ $cm^3/100$ g,腐蚀后,发现在粗晶区域的晶粒边界有发达的二次气孔。研究空洞表面的组织和冲压时产生的有光泽的分层后指出,分层的形状单一,都像图 5.6.1 中的圆圈或台阶,这些图像显示了空洞生长的特点:空洞底部的台阶是空位沿一定的结晶面流动的结果,好像"负"晶粒的生长。与图 5.6.1 完全相似的是在焊缝处金属结晶后形成的空洞底部的表面,如图 5.6.2 所示。因此,可得出下列结论:金属中气孔增多使分层增加,空洞会直接转化为分层或局部分层。

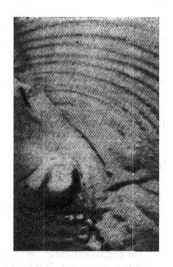 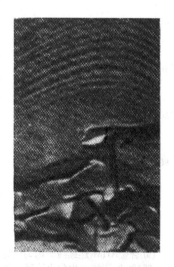

图 5.6.1　AK8 冲压件分层发亮区表面组织　　图 5.6.2　焊缝处金属结晶后形成的空洞底部的表面组织

5.7 合金成分和组织不均匀性的影响

铝合金中加入强化元素有可能降低工艺性能——成型性,增加废品率。力学性能相近但成分不同的铝合金半成品,在相同的条件下,它们的缺陷率也不同,如 B93 的废品率比 AK6 低,Д1 的废品率比 AK6、AK8 低等。不同合金的缺陷特征(颜色、形状、尺寸等)很不同,A. Д. 安德烈耶夫指出,AK6、AK8 锻件的断口中的缺陷有发亮的区域,而在 AMr6、B93 断口中的缺陷有银白色的区域;Л. B. 库兹明切夫认为,AMr6 塑性变形时,断口中的缺陷主要呈灰暗色,少部分发亮,而 B93 相反,缺陷发亮。

同一种合金断口中,分层的颜色可能不同。金相观察大型 АЦМ 锻件的缺陷,超声波检验发现的断口中的缺陷是各色各样的(闪金光、发亮、暗灰色、银白色等)。光谱定点分析检测出暗灰色区域含 10%Zr、大于 1%Cu,在金光色泽处含大于 4%Cu,而在基体金属中含 0.18%Zr,小于 0.07%Cu;在银白色区偏高的成分有 0.1%Fe、0.7%Si,而在基体金属中含 0.27%Fe、0.16%Si。锰、铬、锆一定引起铝合金组织的不均匀性。有学者研究了 АЦМ、B93 锻件的缺陷数量和锰、铬、锆含量之间的关系,所用试样断口面积为 550 cm,当锰含量从 0.02% 增加到 1.05% 时,灰色的缺陷明显增加,如图 5.7.1 所示。断口中 70%~90% 缺陷的尺寸小于 0.2 mm²。АЦМ 锻件无锰时锆对缺陷的影响比锰还大,0.16%Zr 就

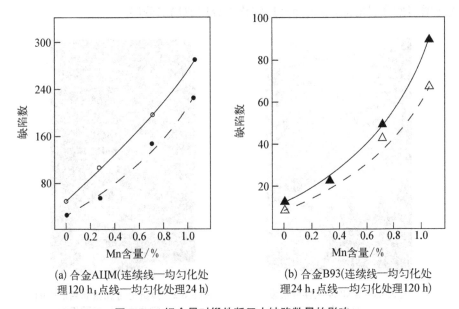

(a) 合金АЦМ(连续线—均匀化处理120 h;点线—均匀化处理24 h)

(b) 合金B93(连续线—均匀化处理24 h;点线—均匀化处理120 h)

图 5.7.1　锰含量对锻件断口中缺陷数量的影响

明显增加缺陷,同时含有锆、锰时,锰的影响减小了,含 0.7％Mn、0.16％Zr 时,缺陷数量反而减少。

B93 锻件锰含量增加时,缺陷数也增加,如图 5.7.1 所示,但长期均匀化处理后,对形成分层的影响和 АЦM 相反。对产生缺陷的敏感性不同,可能和元素分布不同有关:锆集中在枝晶中心,锰分布在边缘(这和 Al - Zr 相图是包晶型、Al - Mn 相图是共晶型相应)。用光谱分析测得锆在缺陷表面富集达 2.12％,无缺陷处为 0.16％,大概同时加锆、锰使合金均匀化了,减少了缺陷。

金属间化合物集中在拉应力处,使材料破坏,如图 5.7.2 所示。大于 0.2 mm 的金属间化合物 $FeMnAl_6$ 会使 AMr6 半成品断口中生成缺陷;在一定条件下,金属间化合物能成为阻止破坏过程的钉子。分析金属相在拉应力时的应变行为,可把二元铝合金分为以下两个类型。

图 5.7.2　AMr6 板坯中金属间化合物集中处受拉应力而被破坏的断口照片

(1) 与铝形成共晶反应的元素,剩余的金属间化合物质点,直到塑性变形率很大以前,并不会被破坏,如 $Al - FeAl_3$、$Al - NiAl_3$、$Al - Al_9FeNi$。

(2) 与铝产生包晶反应的元素,剩余的金属间化合物很脆,在压力小、塑性变形小($\varepsilon < 1\%$)时就被破坏,如 $Al - TiAl_3$、$Al - ZrAl_3$、$Al - CrAl_7$、$Al - MoAl_5$、$Al - VAl_5$、$Al - Al_{12}Mg_2Cr$。

脆性相在塑性变形时,被破损成为附加的裂纹源,使强度、塑性下降,生成内部缺陷。析出不均匀共晶体对形成分层也有一定影响,AK6、AMr6 中析出的共晶体越小,缺陷越少,说明不溶相组成会在塑性变形过程中形成缺陷。含锰、铬、锆的铝合金除了有容易被超声波发现的分层外,还有许多细如发丝一样的开裂和不连续处,缺陷面积约 0.1～1 mm²(70％～90％为 0.5 mm² 的缺陷),开裂长度小于 5 μm,在断口上呈灰色斑点,和其余表面很难区别。在许多情况下,在缺陷灰色表面上,有光滑的发亮区域,这种缺陷在经过几次工艺过程的冲压件中很发达,也存在于按第三、第四锻造规范的锻件中。

5.8 金属纯净度、气体和夹杂的影响

AK6、AK8 的 H_2 含量降低时，分层明显减少，如表 5.8.1 所示。H_2 含量分析表明，有缺陷处的 H_2 含量是无缺陷处的 2~3 倍，如表 5.8.2 所示。

表 5.8.1 H_2 含量对 AK6、AK8 锻件分层的影响

H_2 含量/ $(cm^3/100\ g)$	试验锻件数量	试 验 结 果		级 别
		磨片上分层总长/mm	单位面积上分层总长 $/(mm/cm^2)$	
0.41	34	455	2.2	2.6
0.18	79	13	0.02	1

表 5.8.2 有、无缺陷处 H_2 含量分析结果

合金牌号	半成品类型	H_2 含量$/(cm^3/100\ g)$		断口中缺陷的形状
		有缺陷处	无缺陷处	
AЦM	锻件	0.44	0.16	金色、银白色、亮灰色、暗灰色
	冲压件	0.35	0.12	
AK8	冲压件	0.43~0.85	0.23~0.38	有光泽的圆点
B93	锻件	0.32~0.47	0.20	黑、灰、金色，有清晰的边缘

В. Д. Жуков(茹可夫)用 X 射线技术研究了氢的同位素氚在固态铝中的分布。先使 AMr6 吸氚，从直径 400 mm 的铸锭中切下 800 mm 长的材料，用塑性变形度 90% 进行压缩，用超声波检查，部分缺陷敞开，在缺陷部位及紧邻部位取试样，测量其放射性强度，在有缺陷处的放射强度比无缺陷处高 21%。

H_2 的影响在表 5.6.1 中也可间接地得到证明。这些变化的原因是 H_2 在试样与炉气之间的重新分配：高 H_2 含量的材料在水蒸气中均匀化处理，引起吸氢，而在电阻炉或真空中均匀化处理时，过饱和的 H_2 被分解。由于扩散速度小，H_2 形成显微气孔，在真空脱气时自金属中逸出；在真空中均匀化处理，即使气孔较多，缺陷也会减少。有学者同样认为，引起缺陷的原因是气孔和 H_2 的内部压力高。

直径 550 mm 的 B95 铸锭，热处理后 H_2 含量从 0.24 cm³/100 g 下降到 0.16 cm³/100 g，显微缩松减少 4 倍。H_2 含量相同时，结晶速度很关键，速度大时，H_2 呈过饱和固溶状态，速度慢时以分子态的气孔存在。因此，对厚截面的铸锭，H_2 含量低也会有气孔。有学者认为，直径 540 mm 的 B93 铸锭允许 H_2 含量为 0.20 cm³/100 g，而直径 540 mm 的允许 H_2 含量为 0.16 cm³/100 g。截面为 280 mm×1 120 mm 的 Д1，H_2 含量的门槛值为 0.18～0.20 cm³/100 g；直径 500 mm 的 AK6 铸锭的 H_2 含量小于 0.20 cm³/100 g 时，不出现气孔。形成分层由溶解态氢及分子态氢之比决定（见图 5.8.1），在一定的气孔体积时，缺陷随 H_2 含量增加呈线性增多；气孔少时，即使 H_2 含量高，缺陷数量也不多。这些数据和上述三向压缩对质量的影响相符合。

多次加热、塑性变形后，三向压缩的效果会下降。如果 AK6 铸锭在 480℃、压力为 40 kg/mm² 时三向压缩初期的缺陷，比未经压缩铸锭制成的冲压件少 12 倍，经 9 次加热、塑性变形后，只减少 5 倍。因为，第一，缺陷可能在整个加热、塑性变形过程中产生；第二，H_2 在三向压缩过程及加热、塑性变形过程中的再分配，对形成缺陷的影响很大。

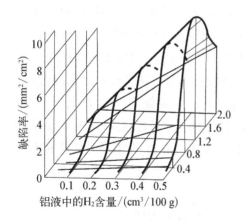

图 5.8.1　AK8 铸锭塑性变形时
形成分层倾向的示意

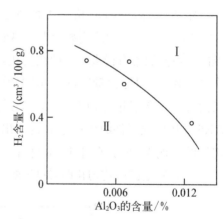

Ⅰ—有分层区；Ⅱ—无分层区。

图 5.8.2　铝锭中 H_2 含量、氧化夹杂
数量对分层的影响

弥散状氧化夹杂对气孔的影响很大。在 AK8 中有 0.01%～0.05% 的氧化夹杂，H_2 含量为 0.05～0.06 cm³/100 g 时就生成气孔；含 0.001% 的氧化夹杂，H_2 含量为 0.3 cm³/100 g 时才生成气孔，促成分层，如图 5.8.2 所示。但没有找到氧化夹杂数量与分层之间的定量关系。

5.9 热处理影响

热处理引起组织变化的同时，明显促使分层的出现，如 Д16 铸锭塑性变形前，在 500℃ 均匀化处理 24 h，会加大缺陷率，如表 5.9.1 所示，原因是热处理时，含 H_2 过饱和的固溶体被分解。表 5.9.1 也表明热处理后，气孔增加了，尤其在潮湿炉氛中均匀化处理，会明显增加气孔数量和内部缺陷。

表 5.9.1　Д16 铸锭塑性变形前热处理对缺陷系数的影响

铸锭尺寸/mm	材料状态	检查的断口面积/cm^2	试样的缺陷系数/(mm^2/cm^2)
240×1 480	均匀化处理	538	0.79
	未处理	577	0.22
φ480	均匀化处理	842	0.11
	未处理	574	0.08

Я. Г. Горисковиц（格里史柯维兹）指出，未经热处理的 AK6、AK8、B93、AMr6 比经热处理的缺陷数量少。热处理后，缺陷数量将沿因均匀化温度、时间及冷速不同而带有极大点的曲线变化，如图 5.9.1 所示。他考察了显微组织、二次气孔数量及 H_2 含量后得知，图中极大点处与大量二次气孔及随保温时间延长而长大的含锰相处相符。540℃ 均匀化后，H_2 含量低、缺陷率最低。AMr6、AK6 冲压件或锻件的生产经验也指出，520～540℃ 均匀化后，H_2 含量、缺陷率都最低。他分析了在生产条件下 AK6、AMr6 锻件的质量，发现铸锭在 520～540℃ 范围内均匀化时，缺陷最多。

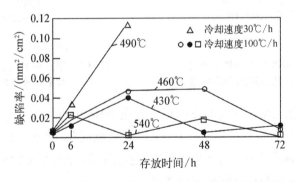

图 5.9.1　均匀化处理规范对 AMr6 工艺试样中分层的影响

　　Горисковиц(格里史柯维兹)认为,强化相质点析出的特点,对形成分层的影响很大。AMr6 铸锭冷却速度从 100℃/h 降至 30℃/h 时,试样中的分层增大 2 倍,而 AK8,B93 则相反,这是因为冷却时,强化相质点析出的特点不同。缓冷时,附带析出含锰相,质点的体积密度增加了;B93 中没有锰,缓冷时强化相质点凝聚了;AK8 中虽有锰,由于其他凝聚的强化相质点多,缓冷时体积密度也减少;质点的密度小,能改善铸锭的塑性和工艺性,从而减少分层数量。

　　表 5.6.3 中的数据说明,AK6 铸锭变形前,三维压缩对分层影响不大,但也有其他学者发现有影响,未经均匀化处理的 AK6、AK8、AMr6、Д1、Д16 铸锭,进行三维压缩后,明显减少分层;三维压缩前,进行均匀化处理,使 AMr6 的半成品的分层增加;未经均匀化处理的 Д1 锻件,三维压缩后,断口中没有分层,而经均匀化处理的三维压缩后,断口中或多或少有分层,显然比未经三维压缩的少。

　　淬火和时效对分层有影响,Д16 工艺试样断口中的缺陷,淬火后比变形状态时多两倍。随后的时效会进一步增加断口中的缺陷,如图 5.9.2 所示,此时,金属的缺陷率因缺陷数量增加、面积增大而增加了。

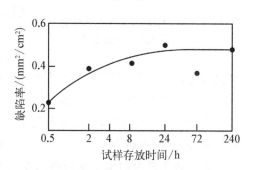

图 5.9.2　存放时间对 Д16 工艺试样断口中的缺陷率的影响

　　对经变形的金属进行退火,同样会增加内部缺陷的数量。В. Д. Жуков(茹可夫)指出,退火使 AMr6 冲压件的缺陷数量增加两倍,有缺陷的面积明显增加。用自动 X 射线检测氖的技术得知,这和退火时氢的再分配有关。

　　超声波检测用滚压板制成的大型、复杂 B95 冲压件中的分层时发现,事先对滚压板淬火,缺陷会增加 4 倍;在淬火的板中缺陷比热锻的多 1.5 倍。另有类似的结果表明,用经均匀化的 Д1 铸锭冲成的冲压件,超声波检验发现,热变形后,起初完全无缺陷,而淬火后有大量的缺陷:13 个未淬火的冲压件中有 1 个缺陷,13 个淬火的冲压件中有 97 个缺陷,看来是热处理应力促成缺陷的增加。

　　总之,铸锭、半成品热处理对分层有影响,是由于它引起氢的重新分配,使组织、性能及热应力大小发生变化。

5.10　金属塑性变形的影响

　　如果铸锭本身没有缺陷,而半成品有缺陷,则变形是原因。研究发现,AK4-1

冲压件的缺陷数量与最终单向压缩系数有关,压缩率越大,断口中的缺陷越多,如图 5.10.1 所示。轧制厚 200 mm 的 AMr6 铸锭,变形率分别为 50%~75%、75%~80%、90%~95%、96%~96.5%、97%~97.5%时,分层面积占 3.8%、6.1%、5.9%、2.3%、0.3%。这些结果表明轧制厚 250~300 mm 的铸锭时,当变形到 150~160 mm 时,缺陷的数量增加、面积增大;而进一步轧薄后,缺陷的数量又减少、面积变小(缺陷被弥散化,不易被发现)。但将薄板热处理后拉伸,缺陷会重新增大。

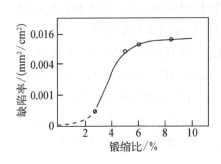

图 5.10.1 AK4-1 冲压件的缺陷率与锻缩比的关系

AMr6 轧制时,密度会变化:变形率小于 10%时,密度增加;变形率在 10%~50%范围内,密度减少;变形率大于 50%时,密度又急剧增加。

对半成品出现分层有很大影响的是变形的均匀度。研究发现,变形时,压力沿锭坯高度上的分布是不均匀的,如变形率 ε=10%时,锭坯上部的压力比中心部位大 3.7 倍。因此,表面层变形很大,而中心层几乎不变形。计算证明,当压机的压头直径为 700 mm 时,锭坯厚度为 157 mm 或更厚时就发生轴向拉应力,锭坯厚度越厚,拉应力越大。

在平板上轧制时由于在接触的界面上变形很困难,在锭坯中心变形量很大,如平均变形率 ε=65%~75%时,在中心区域的变形率达 95%,可能超过材料的塑性极限,因而出现了能用超声检出的缺陷,其数量随变形率增加而增加,明显降低成品率,如图 5.10.2 所示。研究表明,自由锻时,在端部有最大变形率(ε=70%),超过时,分层废品急剧增加。AMr6 变形率 ε<70%时,成品率为 80%;ε>70%时,成品率为 60%。微观或宏观裂缝最容易在相邻两层金属相对流动速度最大处出现,这里是难变形区域与金属流动区的接触地方,这种情况能解释试样断口中缺陷的不均匀性,

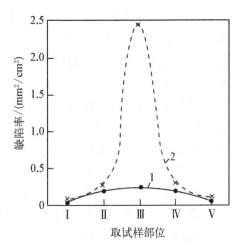

Ⅰ、Ⅴ—试样断口边缘;Ⅲ—试样断口中心;1—在 6 000 t 水压机上压缩;2—用锻造冲头压缩

图 5.10.2 镦粗速度对不同部位缺陷的影响

如图 5.10.2 所示。试样断口中部缺陷较多,和镦粗过程中金属流动特性有关:接触处的金属从试样断口的边缘部分出来,因此,在那儿的缺陷较少。这可以解释缺陷沿锻件高度分布的不均匀性。

从轧制件切取的试样,发现在靠近相互接触表面铸锭中的气孔在外力作用下被压扁,如图 5.10.3 所示。

随变形梯度的出现,沿一次气孔处可看到金属的疏松和出现二次气孔。继续增大变形梯度,会破坏疏松处的完整性和形成二次气孔链,使某些气孔汇成连续的裂缝,在最大变形速度梯度处显微分层尺寸扩大,转变为宏观分层。在最大变形层处,由于此处变形原来很均匀,分层的数目和尺寸降低了;最大的缺陷数目出现在金属流动最剧烈处,即最难变形处。

图 5.10.3　随变形速度梯度增加而形成的分层

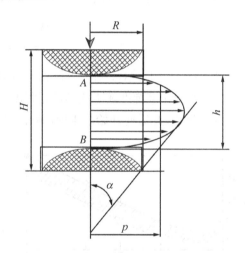

图 5.10.4　平面压缩金属流动速度分布示意图

轧制时,金属流动速度分布如图 5.10.4 所示,变形速度梯度由 α 角的正切确定,α 角与金属流动速度圈相切(圈呈抛物线),极大点在 A、B 处。在一级近似情况下,变形速度梯度可以由均匀轧制时半径 r 的平均变化速度表示,由于变形时半成品体积不变,则

$$r = R\sqrt{\frac{H}{h}} \tag{5.10.1}$$

式中,R、r 分别为半成品的初始半径、即时半径;H、h 分别为制品初始高度、瞬时高度。

冲压头速度 v 不变时,半成品的瞬时高度 h 为

$$h = H - \omega\tau \tag{5.10.2}$$

式中，τ 为变形时间；ω 为变形速度。

由式(5.10.1)、式(5.10.2)有：

$$r = R\sqrt{\frac{H}{(H - \omega\tau)}} \tag{5.10.3}$$

横向流动平均速度 ω_r 可认为等于平均变形速度梯度：

$$\omega_r = \frac{dr}{d\tau} = \frac{R\sqrt{H}}{2}\frac{\omega}{(H - \omega\tau)^{\frac{3}{2}}} \tag{5.10.4}$$

半成品体积为 V 时，式(5.10.4)可改写为

$$\omega_r = \frac{\sqrt{V}}{2\sqrt{\pi}}\frac{\omega}{(H - \omega\tau)^{\frac{3}{2}}} \tag{5.10.5}$$

从式(5.10.4)、式(5.10.5)可得到下列结论。

(1) 变形速度梯度随半成品镦粗程度增加而增大，到某一时刻，将达到特定材料的临界值，此后便开始产生内部缺陷；继续变形时，产生缺陷的概率增加。

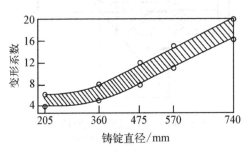

图 5.10.5　变形系数与 AK6 铸锭直径的关系

(2) 变形速度梯度随半成品体积的增加而增加，因此，缺陷也增加。必须指出，增大半成品体积通常和大面积对应，在压力加工时，为了获得一定的性能，不论初始直径大小，必须承受高的变形率，如图 5.10.5 所示，这样会使半成品的缺陷率增大。

(3) 压缩变形时，增大变形速度会增大变形速度梯度，促使缺陷产生，这已被 AMr6 试样在 6 000 t 水压机用低变形速度变形及用高速锻锤变形时，沿试样截面缺陷分布情况所证实，如图 5.10.2 所示。研究发现，在压缩速度为 0.1～0.5 m/s 时，随金属流动速度增大，大型 Д16 合金制件的分层缺陷约增大 4 倍；根据 А. И. 穆拉索夫的数据，AK6、AK8、B93 合金在 440～360℃ 温度范围内，以 1.8 m/s 变形速度进行锻造、模锻，在表面和内部将产生大量缺陷；在这个温度范围内，以 0.3 m/s 变形速度进行锻造、模锻，不会破坏材料。

变形速度对金属的局部温度影响很大。铝合金以 0.2～50 m/s 速度变形时，平均热容变化较小，平均温度增长为 20～80℃；但塑性变形热在整个变形金

属体积内,析出不均匀,会发生在靠近滑移面显微体积内。这样的局部化现象,促使产生温度跳跃大于上述所有半成品的平均温度增长范围,此时局部析出的热量随变形速度增加而明显增大,如图 5.10.6 所示,结果在个别地点的升温使金属局部软化,易熔元素熔化,会降低金属的塑性,产生分层。

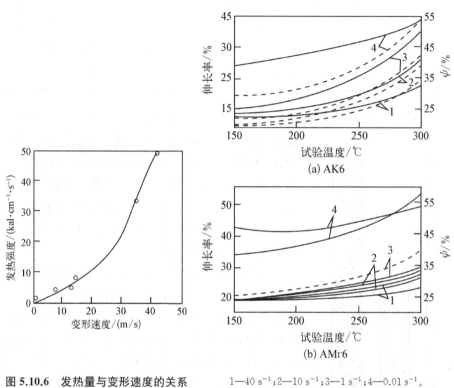

图 5.10.6　发热量与变形速度的关系

(a) AK6

(b) AMr6

$1—40\ s^{-1}$;$2—10\ s^{-1}$;$3—1\ s^{-1}$;$4—0.01\ s^{-1}$。

图 5.10.7　AK6 和 AMr6 的塑性与
温度、变形速度的关系

有学者指出,在热变形温度为 200～300℃ 范围内,AK6、AMr6 的塑性随变形速度增加而降低;AK6、AMr6 的变形速度从 $1\ s^{-1}$ 增加到 $40\ s^{-1}$ 时,塑性明显降低,如图 5.10.7 所示。

研究 CAB-1 板材可看出,降低变形温度、压缩比,内部缺陷会减少,如表 5.10.1 所示。

研究表明,降低轧制温度,对提高 B95 板材和大尺寸模锻件的性能有利。超声检验结果显示,来自板材的模锻件在 420～450℃ 范围内轧制比在 360～390℃ 范围内轧制的缺陷增加 5 倍;前者的合格率为 25%,后者的合格率为 60%。降低变形温度,明显减少 B95 模锻件的分层,如图 5.10.8 所示。许多研究者认为,

表 5.10.1　温度和变形率对 CAB-1 合金板内部缺陷率的影响

变形温度/℃		最大压缩量/mm	超声检验试件数	检验的面积/m²	缺陷总数	单位面积上的缺陷率/m⁻²
初始	结束					
480~490	440~450	40	7	31.8	824	26.8
480	460	20	1	6.7	48	7.2
400~420	380~390	40	3	18.8	225	12.0
410~420	380~390	15~20	2	12.1	107	8.8

塑性变形条件对分层的形成及数量影响极大。А. И. Мурасов(穆拉索夫)强调,形成分层的主要原因是沿板坯高度分布的温度、压力不均匀及铸锭变形不均匀,因而沿铸锭高度的应变不同,产生大的变形梯度,在铸锭中部产生拉应力,出现裂纹。此时只在产生高拉应力或积聚脆性金属间化合物的局部区域发生裂纹,铸锭内部组织不均匀也是产生缺陷的原因。

А. И. 穆拉索夫得出结论,分层是沿金属流动方向分布平面的显微裂纹,它出现在有变形速度梯度的相邻区域内。研究了 20~500℃ 范围内塑性变形的特点后,В. И. 雅可夫列夫指出,铝合金在低温时出现晶内及晶间变形,随温度上升至 300~350℃,主要是晶间变形。产生宏观、微观分层与晶间变形有关,组织中的显微气孔、剩余相及 AMr6 中含钠量大于 0.000 8% 等对产生晶间裂纹有明显影响。自铸锭中部截取的试样,塑性指标低于铸锭边缘的试样。

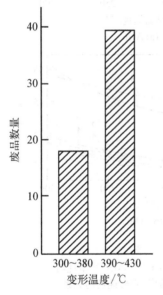

图5.10.8　变形温度对 B95 冲压件分层缺陷的影响

5.11　形成分层的机制

分层的机制有许多假设,这里只介绍一种能包含全部假设的情况:分层是变形过程中金属局部被破坏,因此必须有一种能改变金属形状的力存在;塑性越好,越能承受改变金属形状的外力,金属越不会产生缺陷。

众多实验数据表明,造成金属局部塑性下降的原因有:

(1) 复杂配合物 A_2O_3 - H_2;

（2）一次、二次气孔；

（3）集中的组织不均匀，晶界上聚集脆性相及金属间化合物；

（4）扇形组织；

（5）晶界上有少量表面活性元素。

因此，在铸锭中就已存在产生分层的根源。为了弄清分层原因，必须降低金属塑性的不同特性。

B. N. 特巴特金认为，有两种典型的形成分层的原因：

（1）氧化膜 A_2O_3-H_2；

（2）气孔，包括与 H_2 结合的气孔、渗入缩孔中的 H_2 形成的气孔、热加工时析出的过饱和 H_2 形成的气孔。

其他造成降低局部塑性并形成分层的原因可能是具体的，但不是产生分层的主要原因，如扇形组织不可能是主要原因。

分层在压力加工时出现。由于温度、压力的不均匀造成变形不均匀：不同部位变形不同，在相邻部位间形成变形速度梯度；金属流速不同形成局部拉力和滑移压力，在某一时刻前被松弛而不破坏金属；当超过塑性极限时将在沿金属流动方向上出现平面裂纹；在局部地方因组织不均匀引起物理-力学性能不同，加剧了变形不均匀性，降低了金属塑性变形能力，促进了分层的形成。

因此，铸锭组织越差，缺陷越多，变形越不均匀。金属"不健全"是变动的，在变形过程中可以产生，也可以被消除。当金属被 H_2 充满时，内部"不健全"才会稳定地存在。热加工或变形时过饱和 H_2 被分解，析出氢气并发展为裂纹。H_2 是变形时产生分层的主要原因。

分层的发生、发展可分为三个阶段：第一阶段是铸锭中缺陷沿金属流动方向分布，此时形成粗糙结构，但尚未出现分层，除非是宏观气孔被压扁。

第二阶段常常因气孔或夹杂之间的连接处被破坏，引起金属基体被破坏，在变形过程中通常表现为韧性断裂，肉眼观察可以很明显地发现分层，如图 5.11.1 所示。

第三阶段由于析出过饱和 H_2，促使金属基体不健全；H_2 如已存在于缺陷内，则分层在第二阶段形成，第三阶段将扩大分层的大小，就如热处理时常出现的情况一样。

图 5.11.1　B93 模锻件中缺陷表面组织

5.12 气体和分层对铝及其合金性能的影响

5.12.1 氧化夹杂对铝及其合金性能的影响

有学者详细介绍了氧化夹杂对铝及其合金的流动性的影响。以 A97 作试样,用光谱分析测定氧化夹杂含量,铝锭中的氧化夹杂含量由于氧化夹杂局部积聚,范围很宽,从 0.094％到 0.35％,经过数次重熔、在不同温度下精炼除气、浇注前的静置和保温,因此,夹杂含量变化很大,如图 5.12.1 所示。

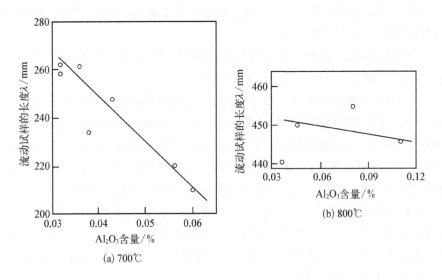

图 5.12.1　氧化夹杂 Al_2O_3 含量对流动性的影响

研究表明,均匀分布的氧化夹杂含量能提高材料的硬度,阻碍变形,可用来作为测定氧化夹杂含量的判据。比较显微晶粒相似的 A97 中氧化夹杂对力学性能的影响,如表 5.12.1 所示。

表 5.12.1　显微晶粒相似的 A97 中氧化夹杂对力学性能的影响

温度/℃	通气时间/min	通气后静置时间/min	Al_2O_3含量/％	σ_b(平均)/(kg/mm²)	δ/％
700	—	10	0.036	7.0	30.6
700	1	—	0.038	7.0	31.7
700	3	—	0.060	7.05	19.5

续　表

温度/℃	通气时间 /min	通气后静置 时间/min	Al$_2$O$_3$ 含量/%	σ_b(平均) /(kg/mm^2)	δ/%
700	3	10	0.033	6.95	—
800	—	—	0.036	4.75	12.7
800	3	—	0.114	2.15	3.0
900	—	—	0.040	4.6	18.3
900	3	—	0.044	4.9	15.7

注：表中的氧化夹杂物数据比现在测定方法测得的大得多。

5.12.2　H$_2$ 对铝及其合金性能的影响

铝与别的金属不同，H$_2$ 的析出压力足够抵抗刚凝固的金属壳。铝合金因 H$_2$ 的析出引起收缩前的膨胀。图 5.12.2 为砂型铸造时 H$_2$ 含量对密度、收缩前膨胀的影响，影响的程度与凝固区间有关，即与成分或冷却速度有关。

随 H$_2$ 含量增加，铝合金的线收缩减小，热裂下降，气密性降低。图 5.12.3 为厚 3 mm 的 AЛ9 板的气密性系数与含气量、结晶时的热交换之间的关系，从

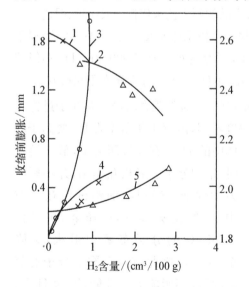

图 5.12.2　砂型铸造时 H$_2$ 含量对铝密度（1，2）及铝（4）、AЛ2（3）、AЛ8（5）的收缩前膨胀的影响

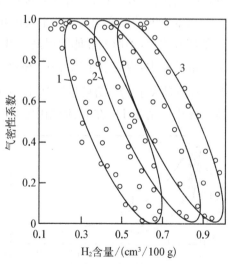

1—$B_i=0.1$；2—$B_i=0.3$；3—$B_i=2.0$。

图 5.12.3　厚 3 mm 的 AЛ9 板的气密性系数与含气量、结晶时的热交换系数 B_i 之间的关系

图中可见,H_2 含量大于 $0.2\ cm^3/100\ g$ 后,气密性明显降低,H_2 同样降低铝半成品的气密性。

大的圆形气孔比小的晶间气孔对力学性能的影响小,小晶间气孔的破坏断口有与粗晶粒断口一样的鱼鳞断口。直径 340 mm 的 AK6 连续铸造铸锭含气量对力学性能的影响如表 5.12.2 所示,括弧内数字为均匀化后的数据,均匀化后 σ_b 值不变。

表 5.12.2 直径 340 mm 的 AK6 连续铸锭含气量对力学性能的影响

含气量/(cm^3/100 g)	密 度/(g/cm^3)	σ_b/(kg/mm^2)	$\sigma_{0.2}$/(kg/mm^2)	δ/%
0.30	2.742 4	18.5	14.5(11.8)	4(5.5)
0.19	27 502	20.1	15.0(13.0)	4.9(6.3)
0.14	2.758 0	21.4	15.8(13.6)	6.0(7.5)

表 5.12.2 不包括半成品。因为变形时,气孔要改变形状,气孔被压扁,提高了力学性能。压强为 $60\sim70\ kgf/mm^2$ 的三维压缩 Д16($520\sim540℃$)、AK8($540\sim560℃$)能提高密度 $0.5\%\sim1\%$,提高 σ_b、$\sigma_{0.2}$ $1.5\sim2.0\ kg/mm^2$,提高 δ $3\%\sim4\%$。因此,变形前应采用三维压缩作为直接获得产品的新工艺来代替一般压延、锻造。

三维压缩的温度稍高于非平衡固相线,会析出非平衡液体,此时 H_2 溶解于非平衡液体中,不影响性能的提高。其实,压力达 $6\ 000\sim7\ 000\ atm$,H_2 不但溶解于金属液中,也溶解于固相中,在这样的条件下,H_2 的溶解度不是 $0.02\ cm^3/100\ g$,而是大于 $\sqrt{p}$,溶解度可达 $1.6\ cm^3/100\ g$,撤除压力后,H_2 存在于过饱和固溶体中。由于 H_2 在液、固相中的溶解度不同,溶解于共晶体的 H_2 要高于基体中的 H_2。在大气压力下,低于熔点时,铝和分子态氢相互作用,并不影响力学性能。经切削的铝试样在真空中 650℃ 退火 24 h,δ 降至 50%,而在 650℃ 的分子态氢中退火,δ 降至 54.7%,因此,在 650℃ 的分子态氢中静置,不影响力学性能,因为 H_2 在固相中溶解度很小。

关于铝合金中的第二类氢脆,图 5.12.4 为 AK8 在 400℃ 时,气孔体

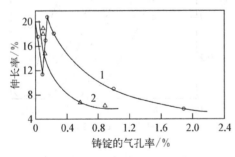

1—弥散状氧化夹杂少(高纯铝);2—弥散状氧化夹杂多(工业纯铝)

图 5.12.4 AK8 在 400℃ 时气孔体积和弥散状氧化夹杂对塑性的影响

积和弥散状氧化夹杂对塑性的影响。对工业纯铝（曲线 2），H_2 含量从 0.06 cm^3/100 g 增至 0.8 cm^3/100 g，伸长率单调地从 20% 降到 6%。经净化氧化夹杂后（曲线 1）气孔对塑性的影响很复杂：开始时随气孔增加塑性下降，到 0.1% 后达极小值，气孔继续增加时，伸长率增大，气孔率到 0.2%～0.3% 时达极大，此后塑性连续下降。

产生非单调曲线 1 的原因有：① 气孔减少了试样面积；② 气孔中分子态氢的压力促使产生裂纹；③ 在温度、应力的共同作用下 H_2 的过饱和固溶体分解。

弥散状氧化夹杂含量高时，H_2 含量为 0.05～0.06 cm^3/100 g 时就形成气孔；弥散状氧化夹杂含量低时，H_2 含量到 0.3 cm^3/100 g 才形成气孔，但气孔中的压力高得多。气孔占 0.1% 时，大大降低塑性；气孔继续增大，过饱和度降低，塑性提高。然后由于气孔本身导致伸长率 δ 下降，在高温时，因空位机制而开裂。图 5.12.5 给出了 AK8 的伸长率 δ 与 H_2 含量的关系，可以看到 H_2 含量高，容易产生二类氢脆。

变形温度、变形速度对 7075 铝合金横向收缩的影响分别如图 5.12.6 和图 5.12.7 所示。

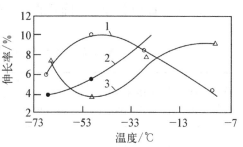

(a) H_2 含量为 0.47 cm^3/100 g

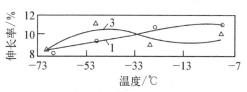

(b) H_2 含量为 0.13 cm^3/100 g

拉伸速度：1—0.2 mm/min；2—10 mm/min；3—40 mm/min。

图 5.12.5 AK8 的 δ 与 H_2 含量的关系

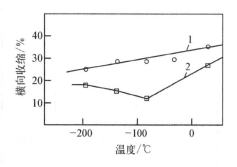

1—脱氢处理；2—未脱氢处理。

图 5.12.6 变形速度为 0.05 cm/min 时 7075 合金的变形温度对板材横向收缩的影响

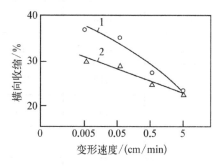

1—脱氢处理；2—未脱氢处理。

图 5.12.7 变形速度对 7075 合金板材横向收缩的影响

5.12.3 分层对铝合金变形半成品力学性能的影响

研究分层对铝合金变形半成品力学性能的影响,经变形的半成品有分层时,横向的强度只有50%,伸长率降低至$\frac{1}{10} \sim \frac{1}{5}$。

表5.12.3为有分层的锻件、冲压件试样的横向力学性能(试样直径为5 mm),从表中可见,强度降低的百分比与分层所占面积百分比成正比,分层占$0.7 \sim 2 \text{ mm}^2/\text{cm}^2$时,伸长率降低的数值不大,但严重时影响很大。

表5.12.3 有分层的试样横向力学性能

分层横向面积/mm²	缺陷比例/(mm²/cm²)	σ_b/(kg/mm²)	$\sigma_{0.2}$/(kg/mm²)	δ/%	分层位置
2.5	12.8	36.8	—	0.4	中心
1.5	7.7	38.0	33.5	3.2	
12	6.19	39.8	33.3	3.2	
0.6	3.19	41.0	—	4.0	
0.5	2.55	41.8	33.7	4.4	
0.4	2.04	39.6	—	4.0	
0.2	1.52	38.9	27.4	6.0	
0.2	1.52	40.3	—	6.8	
0.2	1.52	41.6	—	7.2	
1.0	5.12	38.7	—	2.8	表面
0.7	3.56	42.0	31.3	4.0	
0.5	2.55	40.0	31.3	8.0	
0.3	1.53	41.5	31.3	10.0	
0.2	1.52	41.3	—	8.0	

表 5.12.4 为 Д1 冲压件(空心圆柱,直径为 800 mm,高为 600 mm,厚为 45 mm)的力学性能,显示了原始态、自然时效对冲压件组织、性能的影响。超声检验未发现缺陷,而自然时效后,有许多缺陷,由宏观、微观观察得知,这是典型的宏观分层。在冲压件中,它们沿变形组织纤维方向分布,金相分析时,无论原始态或淬火态都发现分层。

表 5.12.4　Д1 冲压件的力学性能

切割方向	原 始 状 态			自 然 时 效		
	σ_b/(kg/mm^2)	$\sigma_{0.2}$/(kg/mm^2)	δ/%	σ_b/(kg/mm^2)	$\sigma_{0.2}$/(kg/mm^2)	δ/%
纵向	28.3	16.5	18.3	45.6	28.2	21.8
横向	27.7	16.9	18.4	44.3	27.1	23.9
沿厚度	23.3	17.5	6.5	24.2	14.7	27

表中沿厚度的性能比纵向、横向低得多,尤其在自然时效后。此外,沿厚度方向切下的淬火试样性能很分散,$\sigma_b = 11 \sim 39 \ kg/mm^2$,$\delta = 0\% \sim 10\%$,其原因是在横截面上沿厚度切下的试样上有不同数量的分层,当分层贯穿横截面时,则 $\delta = 0$,呈完全脆性。

淬火前退火对冲压件性能的影响:退火温度为 420℃、510℃,保温 76 h,冷却速度为 10℃/h,对比的试样在 500℃ 淬火,进行自然时效。长期退火,尤其 420℃ 退火明显提高沿厚度的强度和伸长率,退火的作用是使分层细化及析出气体。

АЦМ 合金分层面积对力学性能的影响:试样为环形锻件,直径为 4 100 mm、1 600 mm 的冲压件;力学性能在淬火后及人工时效(90℃、100 h)后测定,淬火后至人工时效的间隔时间,锻件为 48 h,冲压件为 6 个月。

发现沿锻件和冲压件的表面,分层分布很不均匀,区分了缺陷区和无缺陷区,主要缺陷的尺寸为 1.5 ~ 3.0 mm^2,极个别可达 15 mm^2,分别沿弦、沿辐射、沿高度方向切取了试样,用来弯曲的塑性工艺试样的截面为 8 mm×15 mm,长为 120 mm,支点间的距离为 80 mm,刀口宽度为 30 mm。测定了产生裂纹倾向及疲劳试验。性能试验后,用超声检验检出了半成品断口中的缺陷面积,总数如表 5.12.5 所示。

表 5.12.5　半成品断口中的缺陷面积总数

半成品类型	按　断　口	超 声 检 验
冲压件 1	57	299
冲压件 2	125	280
锻件	45	840

　　试验结果如表 5.12.6 所示,可见分层不影响 АЦМ 合金锻件、冲压件弦上的性能,对锻件不同高度上、冲压件的轴向的影响也不大,分层对强度极限、屈服极限也影响不大,但明显影响伸长率、疲劳极限。图 5.12.8 为 АЦМ 分层面积对力学性能的影响,缺陷面积自 0 增加到 6 mm^2,强度极限从 39 kg/mm^2 降到 29 kg/mm^2,降低至 74%,伸长率从 9% 降到 1%,降低至 $\dfrac{1}{9}$。

表 5.12.6　АЦМ 合金半成品的力学性能

半成品	取样部位	切割方向	轴向拉伸			冲击韧性 /(kg·m/cm^2)	裂纹倾向 /(kg·m/cm^2)	弯曲工艺试样		疲劳极限 σ_{-1}/(kg·mm^2)
			σ_b/(kg·mm^2)	$\sigma_{0.2}$/(kg·mm^2)	δ/%			rad	(°)	
锻件	无缺陷	弦	44.7	34.4	12.9	3.2	2.3	1.49	85	12
		辐射	39.7	32.5	12.4	1.2	1.2	—	—	—
		高度	38.8	30.5	12.1	1.1	1.1	1.14	65	8
	有缺陷	弦	45.0	35.6	12.1	3.1	2.3	1.7	97	10
		辐射	40.7	33.9	10.0	1.2	1.1	—	—	—
		高度	37.6	318	7.5	0.9	0.6	0.45	26	5
冲压件 1	无缺陷	弦	44.1	34.2	14.1	3.6	2.6	—	—	12
		辐射	37.2	28.6	14.2	1.1	1.0	—	—	9
		高度	38.0	29.4	14.8	1.8	1.4	1.56	89	12

续 表

| 半成品 | 取样部位 | 切割方向 | 轴向拉伸 | | | 冲击韧性 /(kg·m/cm²) | 裂纹倾向 /(kg·m/cm²) | 弯曲工艺试样 | | 疲劳极限 σ_{-1}/(kg·mm²) |
			σ_b/(kg·mm²)	$\sigma_{0.2}$/(kg·mm²)	δ/%			rad	(°)	
冲压件1	有缺陷	弦	42.9	35.5	13.4	3.0	2.0	—	—	11
		辐射	35.0	29.4	7.5	1.1	1.0	—	—	6
		高度	36.9	28.1	14.3	1.5	1.3	1.49	85	10
冲压件2	有缺陷	弦	42.2	33.9	16.4	2.7	2.6	—	—	12
		辐射	38.1	31.7	7.9	1.0	1.0	—	—	7
		高度	32.2	25.2	9.4	1.0	0.9	—	—	6

研究表明,试样为复杂冲压件 AK6、B93,经淬火和人工时效,用超声波检验断口上的分层,冲压件高度上的性能如表 5.12.7 所示。从表中可知,AK6 冲压件上的分层,同时使强度和塑性都下降,而 B93 只使塑性下降,因为 B93 断口中的分层比 AK6 的小。只有在 AK6 的断口上能看到大的分层;B93 断口中的分层,要用显微镜才能看到,超声波检验时,为不连续的波形点,面积约 0.1～1 mm²;断口中缺陷呈灰色;常在灰暗的缺陷上有光亮的斑点。

图 5.12.9 表示 AMr6、AK6 冲压件在与缺陷垂直的面上不同亮度的分层,对力学性能的影响;光亮斑点和宏观分层对应,严重降低力学性能,灰色处和微观分层对应,降低力学性能不严重,因此,有光亮斑点的断口最差。

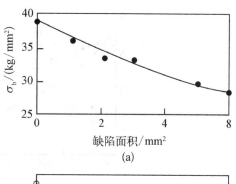

(a)

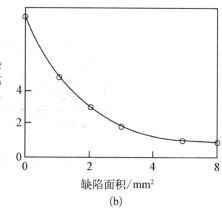

(b)

图 5.12.8 АЦМ 合金分层面积对力学性能的影响

表 5.12.7　冲压件高度上的性能

合金	力学性能			断口形貌	试样数
	$\sigma_b/(kg \cdot mm^2)$	$\sigma_{0.2}/(kg \cdot mm^2)$	$\delta/\%$		
B93	50.6	48.7	5.5	无分层	50
	50.8	—	1.7	有分层	6
AK6	41.5	36.7	7.0	无分层	32
	34.6	—	1.4	有分层	24

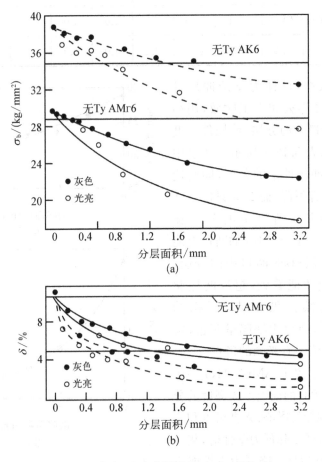

图 5.12.9　灰色、光亮分层面积对 AMr6(实线)、
AK6(虚线)力学性能的影响

综上所述,分层严重影响纵向上的力学性能,而对横向上的力学性能影响不大,影响最严重的是厚度方向。对分层最敏感的是伸长率和循环疲劳强度。

冲压件和锻件淬火态对分层的影响比原始态或变形态时敏感,原因是:① 淬火容易显现分层;② 淬火提高强度,因而对缺口敏感,会沿缺口发展宏观分层。

对于高强度、低塑性的变形半成品,分层对降低力学性能影响更大。因此,随着合金性能的提高,对半成品质量及铸锭要求更高。

微观不连续对力学性能的影响还有待继续研究。分层的检验、技术标准如表 5.12.8 和表 5.12.9 所示。

表 5.12.8　冲压件和锻件内部缺陷容许标准

半成品	质量/kg	缺陷的直径/mm			
		最大容许		经注册的	
		冲压件 1	冲压件 2	冲压件 1	冲压件 2
锻件	<500	2.0	3.2	1.6	2.5
	500~200	2.5	3.5	2.0	2.5
	>2 000	3.2	4.0	2.5	3.2
冲压件	<200	2.5	3.2	1.6	2.5
	200~1 000	32	3.5	2.0	2.5
	>1 000	—	4.0	—	3.2

注:冲压件 1—每个检验;冲压件 2—经挑选的试样。

表 5.12.9　半成品缺陷容许的不同标准

组别	长度不大于/mm	缺陷间距离不小于/mm
1	20	25
2	30	25

5.12.4　气体对铝合金焊接性能的影响

H_2 和氧化夹杂降低铝合金的焊接性能,产生气孔和裂纹,恶化焊件的力学性能。

在氩弧焊时,H_2 来自保护性气体中的水蒸气,是基体金属、水蒸气和铝反应的产物。焊缝中产生气孔的主要原因是吸附在金属表面的 H_2,在镁的质量含量为 4%～6% 的 AMr6 中最明显。与其他合金不同,AMr6 的针孔度和熔池中的 H_2 含量无直接关系,而与氧化膜的特性、组织有关。气孔在熔池内部发生,呈圆形,如纯铝,若在结晶时产生,则由于从凝固金属中析出的氢气孔呈多角形。

解决办法有:① 在整个焊接过程中尽可能防止生成 H_2;② 防止生成气孔核心。

第 6 章
铝合金铸态组织控制

本章通过介绍等轴晶和柱状晶的生成机制、不同铸造工艺（凝固）参数下的晶粒结构及控制方法、变质处理、铝合金中非金属夹杂含量测试方法，介绍了对铝合金铸态组织的控制。

6.1 等轴晶和柱状晶的生成机制

6.1.1 晶粒长大判据

一般铸件、铸锭的边缘部分通常由柱状晶组成，心部通常是等轴晶。柱状晶具有明显的多向异性，具有这种组织的铸件不宜做结构材料，但作为单向受力的零件如涡轮机叶片，这种铸件则是理想的材料；而作为磁性材料的硅钢，则必须用定向凝固技术使其具有柱状晶，提高其透磁力。因此，控制材料的铸态组织在工业上具有重大的技术意义。

对于纯金属而言，采用定向凝固技术，能形成柱状晶，根据实验得出的结论，提出了各种判据，借以确定形成柱状晶、等轴晶的界限及有关工艺参数。但对于合金，积累的数据并不多。

合金液注入铸型后，与铸型接触的一薄层首先凝固，残留的合金液中如已具备生核条件、出现晶核，则将生成等轴晶；如不具备生核条件，表层形成的晶粒能继续成长，不断深入合金液中，则形成柱状晶。

Tijjer 等人提出的凝固过程成分过冷 ΔT_C 的公式如下：

$$\Delta T_C = \frac{mc_0(1-k)}{k}\left[1 - \exp\left(-\frac{Rx}{D}\right)\right] - Gx \qquad (6.1.1)$$

式中，M 为液相线斜率；k 为分配系数；c_0 为合金液中液相的原始浓度；R 为凝固速度；D 为溶质扩散系数；x 为从液-固界面到液相中的距离；G 为液-固界面附近液相中的温度梯度。

根据式(6.1.1)可作出 $\Delta T_C \sim x$ 图(见图6.1.1),可见,ΔT_C 随离开界面距离 x 增大而增大,在某一点达到极大值,然后随 x 继续增大而减小。

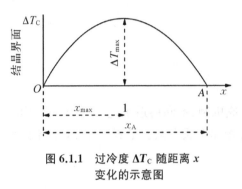

图 6.1.1 过冷度 ΔT_C 随距离 x 变化的示意图

根据图6.1.1和式(6.1.1)得出了热力学判据,可据此确定晶粒长大的方式:

$\dfrac{G}{R} \geqslant \dfrac{mc_0(1-k)}{Dk}$ 时,无成分过冷,平面生长,生成柱状晶;

$\dfrac{G}{R} = \dfrac{mc_0(1-k)}{Dk}$ 时,过渡区;

$\dfrac{G}{R} \leqslant \dfrac{mc_0(1-k)}{Dk}$ 时,有成分过冷,形成胞状、枝状晶。

6.1.2 等轴晶或柱状晶的生成条件

当 $\Delta T_C \to 0$ 时,平面生长,生成柱状晶;反之,ΔT_C 很大,以枝状晶生长。因此,先求出最大 ΔT_C,即 T_{max},再根据合金本来性能求得形核所需的临界过冷度 ΔT_{kp},则有

(1) 当 $\Delta T_{max} \geqslant \Delta T_{kp}$ 时,生成等轴晶;

(2) 当 $\Delta T_{max} \leqslant \Delta T_{kp}$ 时,生成柱状晶。

在上述条件下,求最大过冷度 ΔT_{max}:

$$\frac{\partial(\Delta T_C)}{\partial Dx} = \frac{-mc_0(1-k)}{k}e^{\frac{-Rx}{D}}\left(-\frac{R}{D}\right) - G = 0$$

$$\Delta T_{max} = \frac{mc_0(1-k)}{k} - \frac{GD}{R}\left[1 + \ln\frac{mc_0(1-k)R}{GDk}\right] \tag{6.1.2}$$

根据式(6.1.2)绘制 $\Delta T_{max} \sim \dfrac{G}{R}$ 关系曲线,若计入 ΔT_{kp} 的值,可得到图6.1.2,图中 ABC 部分 $\Delta T_{max} \geqslant \Delta T_{kp}$,将形成等轴晶,而 CD 部分 $T_{max} \leqslant \Delta T_{kp}$,将形成柱状晶,相当于 C 点处的凝固条件是区分等轴晶和柱状晶的临界点。

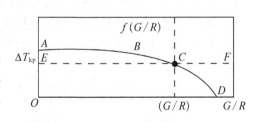

图 6.1.2 等轴晶和柱状晶生成条件的示意图

6.1.3 ΔT_{kp} 的确定

形核形式可分成自发形核和异质形核两种,合金一般都是异质形核,即以液相中弥散分布的固态异质晶体为形核的基底,新相晶粒在其上形核。

Turnbull 和 Vonnegut 提出了下列异质形核公式:

$$\Delta T_{kp} = E\delta^2 / \Delta S_V \qquad (6.1.3)$$

式中,E 为新相的弹性模量;δ 为错配度 $\left(\dfrac{c_1 - c_2}{c_1}\right)$,对于大多数金属,$\delta \leqslant 2$,表面粗超;$c_1$ 为基底物质晶格常数;c_2 为新相晶格常数;ΔS_V 为新相单位体积的熔化熵;L 为新相熔化潜热,单位为 J/mol;T_0 为新相熔点,单位为 K。

由此可见,ΔT_{kp} 由合金的本性所决定,已知合金成分就能确定 ΔT_{kp}。

根据图 6.1.2,可以判定在 ΔT_{kp} 上方为等轴晶区,其下方为柱状晶区,可为铸件或铸锭的铸造成型提供控制晶粒组织的手段。

下面以 Al-Mg 合金为例,根据各种实验数据,按照判据公式进行计算,验证这些理论的正确性。

先绘制 Al-Mg 合金的 $\Delta T_{max} \sim \dfrac{G}{R}$ 曲线,采用的数据列于表 6.1.1 中,再算出 ΔT_{kp},绘于同一新图上;对于 Al-Mg 合金而言,MgO 是最有效的异质核心,MgO 的有关形核基底参数列于表 6.1.2 中,E 及 ΔS_V 由于暂无数据,采用纯铝的数据,δ 是 660℃时的值,最后得图 6.1.3,图中,$\Delta T_{kp} = 10.33$ K。当 $\Delta T_{max} \geqslant 10.33$ K 时,满足内生生长条件,即在上方形成等轴晶;而其下方满足外生生长条件,生成柱状晶。

表 6.1.1 Al-Mg 系合金某些参数

合金成分	扩散系数 $D/(\mathrm{cm^2/s})$	分配系数 k	液相线斜率 m
Mg 的质量分数为 0.5%～2.0%	2.7×10^{-5}	5.2%	0.768

表 6.1.2 MgO 的有关形核基底参数

晶格常数 c_2	晶格常数 c_1	E	ΔS_V
4.12	4.20	2.8×10^{10} Pa	1.0×10^7 J·mol^{-1}·K^{-1}

计算结果:

将表 6.1.2 中的数据代入式(6.1.3)中,得:

$$\Delta T_{kp} = \frac{E\delta^2}{\Delta S_V} = 2.8 \times 10^{11} \times \left(\frac{4.20-4.12}{4.20}\right)^2 \Big/ (1.0 \times 10^7) = 10.133 \text{(K)}$$

将表 6.1.1 中数据代入式(6.1.2)中,得:

$$\Delta T_{max} = \frac{0.768c_{Mg}(1-0.052)}{0.052}$$

$$- 2.7 \times 10^{-5} \frac{G}{R}\left[1 + \ln \frac{0.768 \times (1-0.052)}{2.7 \times 10^{-5} \times 0.052} - \ln \frac{G}{c_{Mg}R}\right]$$

当 $G/R = 10^4, c_{Mg} = 1.5\%$ 时,有:

$$\Delta T_{max} = \frac{0.768 \times 1.5\%(1-0.052)}{0.052} - 2.7 \times 10^{-5}$$

$$\times 10^4 \left[1 + \ln \frac{0.768 \times (1-0.052)}{2.7 \times 10^{-5} \times 0.052} + \ln 1.5\% - \ln 10^4\right]$$

$$= 20.178 \text{(K)}$$

为了验证这一判据,进行定向凝固,根据凝固过程中温度的变化算出 G/R 值,观察试样的宏观组织,进行等轴晶和枝状晶的判别,G/R 值的确定借助于铸型中不同部位安放的热电偶,把所测得的金属液的温度变化计入示波器中。将所得铸件或铸锭在长轴方向进行二等分,抛光后进行腐蚀,观察宏观组织,把所观察到的结果绘于图 6.1.3 中,从图中可见,与计算所得的曲线非常吻合。

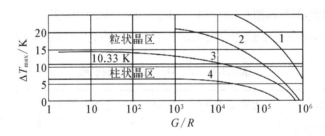

1—2%Mg;2—1.5%Mg;3—1.0%Mg;4—0.5%Mg。

图 6.1.3 Al-Mg 合金 $\Delta T_{max} \sim \dfrac{G}{R}$ 的计算值(直线)和实验值(实线)比较曲线

6.2 不同铸造工艺(凝固)参数下的晶粒结构及控制方法

由 $\Delta T_{max} = \dfrac{mc_0(1-k)}{k} - \dfrac{GD}{R}\left[1 + \ln \dfrac{mc_0(1-k)R}{GDk}\right]$,令 $A = \dfrac{mc_0(1-k)}{k}$,

即凝固区间,则上式可改为

$$\Delta T_{\max} = A - \frac{GD}{R} + \frac{GD}{R}\ln\frac{GD}{AR} \qquad (6.2.1)$$

根据上述分析可知,成分过冷 $\Delta T_{\max}$ 的大小除受凝固区间 A、扩散系数 D 的影响外,还取决于存在于合金液内部的温度梯度 G 及凝固速度 R,从式(6.2.1)可以设法求出 G。

将式(6.2.1)中的对数展开:

$$\ln\frac{GD}{AR} = \left(\frac{GD}{AR} - 1\right) - \frac{\left(\frac{GD}{AR} - 1\right)^2}{2} + \frac{\left(\frac{GD}{AR} - 1\right)^3}{3} \qquad (6.2.2)$$

当 $0 \leqslant \dfrac{GD}{AR} \leqslant 2$ 时,取数列的第一项,在实用意义上说,对 R、G、m 的误差不会超过 10%,因此,

$$\Delta T_{\max} = A - \frac{2GD}{R} + \frac{G^2 D^2}{R^2 A} \qquad (6.2.3)$$

解出这个代数方程式,可求得一个温度梯度的临界值 G_{kp},此时最大的过冷度 $\Delta T_{\max}$ 和合金的介稳定区(即柱状晶和粒状晶共存区)相对应。

$$G_{\max} = \frac{R}{D}(A - \sqrt{A\Delta T_{\max}}), \ G_{kp} = \frac{R}{D}(A - \sqrt{A\Delta T_{kp}}) \qquad (6.2.4)$$

为了保证在结晶前沿定向结晶,生成柱状晶,必须使 $G \geqslant G_{kp} = \dfrac{R}{D}(A - \sqrt{A\Delta T_{kp}})$;反之,如果 $G \leqslant G_{kp} = \dfrac{R}{D}(A - \sqrt{A\Delta T_{kp}})$,则在结晶前沿会形成并发展不同晶向的晶体,即粒状晶,如图 6.2.1 所示。

仔细分析一下临界温度梯度 G_{kp} 的公式(6.2.4),可了解哪些条件能促进定向结晶,形成柱状晶,或者相反,形成粒状晶。

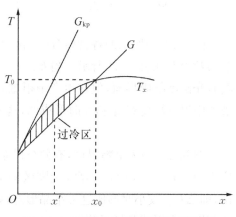

图 6.2.1　相界面前沿成分过冷的形成

（1）通过精炼，提高合金过热温度及其他措施，增大合金液的过冷度 ΔT_{kp}，能降低临界温度梯度 G_{kp}，促使定向结晶，形成柱状晶。

（2）提高结晶速度 R，会提高临界温度梯度 G_{kp}，促进等轴结晶，形成粒状晶，因为它要求更陡的温度梯度，才能创造定向结晶的条件。

（3）增加合金元素杂质含量或进行变质处理会降低合金液的过冷度 ΔT_{kp}，提高临界温度梯度 G_{kp}，促进等轴结晶，形成粒状晶。

（4）分配系数 k 减小，A 值增大，提高临界温度梯度 G_{kp}，促进等轴结晶，形成粒状晶。

（5）扩散系数 D 增大，降低临界温度梯度 G_{kp}，促进定向结晶，形成柱状晶。

严格地说，式（6.2.4）的关系只适用于稳定的平面结晶前沿。在实际工业合金的结晶条件下，常见的是具有各种形式的凸出、分枝形成的包状晶或枝状晶的相界面。对于包状晶或枝状晶的定向结晶，必须采用一个经过修正的有效分配系数 k_{ef} 来代替平衡的分配系数 k_0，因为在结晶前沿生成凸起，结果会出现侧向的溶质流使凸起尖端的浓度下降，因而在凸起（枝晶）的前沿处的溶质浓度不等于 c_0/k 而等于 c_0/k_{ef}，$k_{ef} = \dfrac{k_0}{k_0 + (1-k_0)c^{-R\delta/D}}$，称为有效分配系数，它更符合实际的凝固过程。$k \leqslant k_{ef} \leqslant 1$，显然当结晶前沿是平面时，$k = k_{ef}$，而当枝晶非常发达，呈长而尖的形态，全部溶质完全流入枝晶根部，从而使枝晶尖端前沿溶质的浓度为 c_0。在一般结晶条件下，$k \leqslant k_{ef} \leqslant 1$ 且温度梯度 G 满足下列关系时，建立了定向结晶形成柱状晶的条件：

$$G \geqslant G_{kp} = \frac{R}{D}\left[\frac{mc_0(1-k_{ef})}{k_{ef}}\right] - \sqrt{\frac{mc_0(1-k_{ef})}{k_{ef}} - \Delta T_{kp}} \qquad (6.2.5)$$

图 6.2.2 中所示的各种（定向）结晶形态，是由不同分配系数 k_{ef} 所引起的，结晶参数说明如表 6.2.1 所示。当 $k_{ef} \rightarrow k$ 时，凝固界面的形态与图 6.2.2（a）相当，具有光滑度凝固界面，但在生产中很难遇到这种情况，这是在结晶速度 R 极小，液相中温度梯度 G 足够大时形成的，这种情况只有在拉单晶或区域熔炼时才会出现。

图 6.2.2（b）为毛糙界面，有效分配系数 k_{ef} 稍大于 k 值，呈现胞状-枝晶状凝固界面，当溶质含量 c_0 不高，凝固区间窄，液相中结晶前沿的温度梯度 G 较高时，即 ΔT_{max} 较小时形成这种结晶形态，如低碳钢结晶初期或低合金钢在金属型中凝固时会形成的结晶形状。

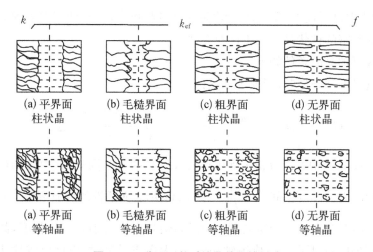

图 6.2.2　分配系数对结晶前沿的影响

表 6.2.1　图 6.2.2 的结晶参数说明

(a)	(b)	(c)	(d)
当 k_{ef} 与 k 接近时，光滑界面，R 极小，G 极大，G/R 极大，拉单晶；区域熔炼	当 k_{ef} 稍大于 k 时，粗糙表面胞状，胞状-枝晶状，杂质含量不高，C_0 小，凝固区间窄，A 小 G 较大低碳钢结晶初期；低合金钢金属型铸造	当 k_{ef} 远大于 k 时，大部分单向凝固的铸锭或铸件在金属型或砂型凝固中期或后期所固有生产中经常遇到的情况	当 $k_{ef}=1$ 时，结晶温度范围 A 大，散热很慢，R 大，导热性很高；G 很小，厚大的锡青铜铸件在干砂型中凝固，形成柱状晶
(e)	(f)	(g)	(h)
铸件表面的激冷层 G 大，ΔT 大的条件下，很小的夹杂物或元素的浓度起伏也能成结晶核心	G 较大，杂质或合金元素不高，凝固区间窄，m 小	糊状凝固，R 小，m 大	糊状凝固，$k_{ef}=1$，固相百分比很小，糊状凝固初期产生，在过共晶Al-Si合金中液相存在少量游离的初晶硅，这种状态能保持到共晶温度

　　生产中经常出现如图 6.2.2(c)所示的情况，此时，有效分配系数偏离 k 值较大，这种结晶形态是大部分定向凝固的铸锭（铸件）在金属型或砂型凝固的中期或后期所固有的。

　　当有效分配系数 $k_{ef} \approx 1$，结晶温度区间很宽（m 大），散热很慢，导热性很高,液相中温度梯度 G 很小时,会出现这种结晶形态,在干砂型中凝固的锡青铜铸件形成致密的柱状晶就属于这种类型。

形成等轴晶的条件如下。

当满足下列条件时,形成等轴晶:

$$G < G_{kp} = \frac{R}{D}\left[\frac{mc_0(1-k_{ef})}{k_{ef}}\right] - \sqrt{\frac{mc_0(1-k_{ef})}{k_{ef}}\Delta T_{kp}} \qquad (6.2.6)$$

从式(6.2.6)中可以分析出促进形成等轴晶的各个因素,其中影响最大的因素是介稳凝固的温度区间 $\frac{mc_0(1-k)}{k_{ef}} = A$;用表面活性的变质剂(如 Al-Si 合金中的 Na)对合金进行变质处理,介稳凝固区间 A 会小到如此程度,甚至在很大的温度梯度 G 下也会形成等轴晶体(当无变质元素时,应该形成柱状晶体),在这种条件下形成的等轴晶,其结晶前沿也是平直的,带有明显的浇注轮廓,如图 6.2.2(e)所示,正因如此,在铸件表面形成激冷层,在很大的温度梯度 G 和过冷度 ΔT 时,很小的外来夹杂物或液相中原子浓度起伏也能形成结晶核心。随着温度梯度 G 变小,可从式(6.2.6)中看出将建立起越来越有利于内生生长形成等轴晶的条件。图 6.2.2(f)为温度梯度较大(但不很高),合金元素或杂质含量低,凝固温度区间 A 很小的合金所形成的晶粒组织;图 6.2.2(g)为冷却速度 R 小,凝固温度区间 A 大(砂型铸造)形成的组织;图 6.2.2(h)则是(g)中糊状凝固的第一阶段,有时,如在过共晶 Al-Si 合金中,合金液中存在少量游离的硅晶粒,这种状态能一直保持到恒定的共晶温度。综上所述,形成定向结晶的粒状晶和经过变质的细等轴晶的各个工艺参数是相互排斥的。

6.3 变质处理

在金属学领域内,所谓变质,就是改变铸造工艺参数或添加变质元素,达到控制、改变凝固后铸件或铸锭组织的工艺。

铸件或铸锭的组织组成物可分为:柱状晶、等轴晶、细等轴晶、粗等轴晶、板状共晶、纤维状共晶、大块杂质、薄膜杂质、低熔杂质、高熔杂质等。

要根据对铸件或铸锭的具体要求选择不同的晶粒组织。

6.3.1 变质分类

第一类变质:细化晶粒,铝合金中加 Ti,B,P 等。

第二类变质：改变共晶组织形态，如 Al - Si 合金加入 Na，Si。

第三类变质：改变易熔共晶或杂质的分布和形态，如 Al - Si 合金加 Be，改变 AlFeSi 相（针状）为 AlFeSiBe（块状）。

6.3.2　初晶的细化处理机理（第一类变质）

1）晶格尺寸的对应原则

化学组分：$Ti/B = 5 \sim 6$，K_2TiF_6（75% ～ 85%），KBF_4（20% ～ 25%），C_2CL_6（适量）。

化学反应：

$$3K_2TiF_6 + 4Al = 3Ti + 4AlF_3 + 6KF \tag{6.3.1}$$

$$2KBF_4 + 3Al = AlB_2 + 2AlF_3 + 2KF \tag{6.3.2}$$

$$3K_2TiF_6 + 6KBF_4 + 10Al = 3TiB_2 + 10AlF_3 + 12KF \tag{6.3.3}$$

$$3K_2TiF_6 + 4Al = 3Ti + 4AlF_3 + 6KF \tag{6.3.4}$$

一些化合物的晶体结构参数如表 6.3.1 所示。

表 6.3.1　某些化合物的晶体结构及其变质作用

化合物	晶　型	a	b	c
TiAl₃	四方晶格	5.42	5.42	8.57
	四方晶格	4.00	—	17.3
TiC	立方	4.32	—	—
TiB₂		3.028	—	3.228
CrAl₇	菱形	19.99	34.51	12.77
AlB₂		3.00	—	3.26
Al	FCC 面心立方	4.04	—	—
Cu	FCC 面心立方	3.62	—	—
Mg	六方	3.209	—	5.210

当 (001)$TiAl_3$//(001)Al 时，Al 的晶格只要旋转 45°，即 [100]$TiAl_3$//[110]Al，如图 6.3.1 所示，即可与 $TiAl_3$ 对应，其原子间距分别为

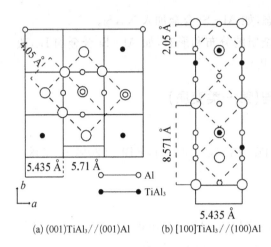

$$\text{Al}: 2a = 5.71 \text{ Å} = 0.571 \text{ nm}$$

$$\text{TiAl}_3 = 5.435 \text{ Å} = 0.543\,5 \text{ nm}$$

$$\delta = \frac{5.71 - 5.43}{5.71} = 0.049 = 4.9\%$$

$$(6.3.5)$$

当 $[100]\text{TiAl}_3 // [100]\text{Al}$，$[011]\text{TiAL}_3 // [110]\text{Al}$ 时，b 向相差也是 4.9%，

$$\delta = \frac{8.571 - \dfrac{5.71}{2} \times 3}{8.571} = 0.003$$

$$= 0.3\% \qquad (6.3.6)$$

图 6.3.1 Al 与 TiAl$_3$ 的晶格匹配关系

此外，还有 $(001)\text{TiAl}_3 // [221]\text{Al}$ 的对应。

晶格对应越好，而且原子间结合力越大，则新加的原子越容易在衬底上形核，甚至能直接外延生长，则生核过冷度越小，一种固体质点与新相具有共格对应的晶面越多，它暴露在液体中的表面上，能作为生核衬底的概率也越大，异质形核的能力也越强，Ti 的最佳加入量为 0.1%～0.3%。

TiB$_2$ 是 TiAl$_3$ 的基底，因此，TiAl$_3$ 的质点比 Al - Ti 中间合金中的 TiAl$_3$ 细得多。

实际上二相的界面能取决于晶格的共格率及二相的电负性差异，有效的细化剂虽然和铝的共格率很小，但电负性相反，说明电负性对细化剂有明显影响，也有人根据大多数细化剂与铝的共格性很差，认为细化剂的作用与共格性无关。

2）原子结构特性

以元素周期表为基础对变质剂进行分析，如图 6.3.2 所示。选择熔点作为特征是随机的，也可用密度、沸点、结晶潜热等表示，图下方高的方框表示元素对铝具有强烈的细化效果，低的方框表示细化效果差，没有方框的元素不是细化剂，阴影线表示有确切数据，无阴影线表示没有数据。

（1）Гуляев（古列也夫）认为，铝的变质元素的位置在周期表中是完全确定的，在大多数情况下，每一周期中第一个元素相对应。因此，在原子的外层电子结构和细化作用之间存在一定的联系。

（2）过渡族的规律：分析二元或多元铝-过渡金属的相图可知，周期表中元素的位置和平衡的结晶条件下该元素和铝相互特征之间存在着足够的明显关

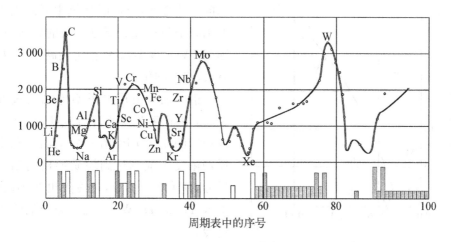

图 6.3.2　铝合金变质元素在元素周期表中的位置

系,即相图的特征与过渡金属的原子结构有关。显然,过渡金属的变质作用应当与它们的原子结构有关,并已为实验所证实,这些实验的主要结果是:如果把电子看作质点,则原子中的电子需要 4 个量子数 N、N_φ、m_s 和 m 去表征它的稳定状态。主量子数 N 表示电子在稳定的运动状态中所具有的能量,只能取 1、2、3 等正整数。角量子数 N_φ 表示动量矩,也只能取 1、2、3 等正整数。磁量子数 m 代表动量矩在空间给定方向上分量的量值。自旋量子数 m_s 只能取 1/2,它表示电子自旋动量矩在这一空间方向上的分量。主量子数 N 越大,电子分布概率最大处离开原子核越远。

　　Лавнов(拉夫诺夫)进行了高纯铝的细化晶粒实验并提出了变质剂本性对铝合金组织的影响。他认为变质作用由过渡元素的反应能力来决定,这种反应能力可用这些元素 d 层电子的不饱和程度作为标准。取一种临界值作为这种标准,ζ 称为 d 层电子的接受能力:

$$\zeta = \frac{1}{Nn}$$

式中,N 为不饱和的 d 层电子层的主量子数;n 为 d 层电子层的电子数。

　　钛的变质作用取为 100(作为最强的变质剂),而 Mn、Ti、Co、Ni 无细化作用,取零值,能用示意图 6.3.3 来表示变质剂的变质效果和 d 电子层接受能力之间的关系。Mn,Ti,Co,Ni 的原子有很高的密度,电子很少参加金属键。从图 6.3.3 可知,具有不饱和 d 电子层的过渡金属有最大的接受能力,也是最强的变质剂且变质效果随 d 层电子中电子数减少而增加。当铝中加入 d 层电子不饱

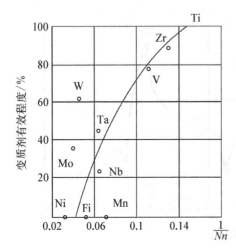

**图 6.3.3　变质剂变质效果和 d 层电子
接受能力的关系曲线**

和的过渡金属,凝固时晶核中形成很强的铝原子与过渡金属原子间的金属键,因此晶粒尺度小,晶粒稳定性高,晶核数量大,组织细化。

铝中加入 d 层电子不饱和的过渡金属,由于存在强的混合 spd 键,会生成稳定的原子集团,在一定的温度和变质剂浓度下能够达到均质形核的临界尺寸,使形核功变小,过冷度也变小;当加入 Ti,Zr,Ta,W 后,几乎完全消除了过冷。

因此,由于这些原子集团的变质作用,将不遵从晶型-尺寸对应原则。按照 R. B. Шамсонов(沙穆宋诺夫)的意见,变质机构在于能使被变质的合金中生成最大的统计质量的原子团,这种原子团的价电子具有最大的稳定值,变质剂的作用是能给合金原子部分价电子,因而变质可以归结为变质剂原子和合金液原子之间的电子交换。

在实际铸造生产中,通常只考虑一个与铸件(铸锭)组织具有明显联系的工艺参数,因此,在熔炼、浇注工艺和铸件(铸锭)实际晶粒尺寸之间还没有定量的关系,但是可以指出,满足下列条件时能获得最佳的细化效果:

(1) 在合金液中有足够弥散的 $TiAl_3$ 和 TiB_2 质点;

(2) 在 Al - Ti - B 三元合金中钛比硼有一定剩余含量;

(3) 凝固时增大冷却速度;

(4) 在合金液中存在成分过冷;

(5) 变质剂质点均匀地分布在合金的初晶内。

3) 初晶硅的孪晶凹角生长机理(TRPE)

初晶硅的孪晶凹角生长机理如图 6.3.4~图 6.3.7 所示。

作为钻石型面心立方结构的硅晶体在理想条件下生成八面体,以原子密排面{111}为惯析界面,但由于存在杂质及成分过冷,使硅晶体常常以板片状生长。

如在一个六角形的硅晶体中引入一个孪晶,在具有 141° 夹角的孪晶凹槽中最易形核,使晶体在三个方向[211],[121],[112]上容易长大,长到这种凹槽为止,晶体长成三角形板片。

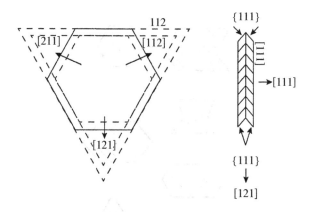

图 6.3.4 硅晶体中存在 1 个孪晶时,通过 TRPE 长成三角
半板片,快速生长方向为孪晶方向〈112〉

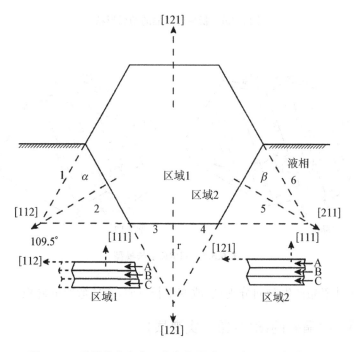

图 6.3.5 硅晶体中存在 2 个孪晶面时,通过 TRPE 长成平面
枝晶状,快速生长方向均为孪晶方向〈112〉

当引入 2 个孪晶时,在 6 个〈112〉晶向上存在具有 141°夹角的孪晶凹槽,晶
体将沿这些方向迅速长大,在长大过程中又出现新的 109.5°夹角,使晶体能够不
断通过 TPRE 得到成长,而在凹槽的厚度方向长大速度很慢,这是长成板片状
的原因。共晶结晶时,α - Al 在硅板的侧面析出,更助长了共晶硅以板片状生

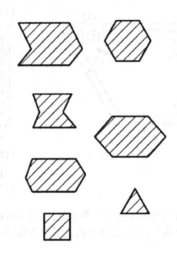

图 6.3.6 初生硅孪晶的切面形状

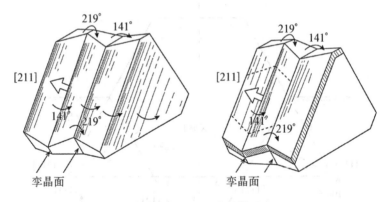

图 6.3.7 TPRE 生长模型

长,还可通过孪晶产生侧向分支枝,改变生长方向,长成弯曲的硅板。

6.3.3 共晶硅的细化(第二类变质)

当 Al - Si 合金中存在微量磷时,将生成 AlP,熔点 1 000℃以上时为立方晶格,晶格常数为 5.46 Å,与硅的晶格常数 5.42 Å 相差无几,是硅晶体的理想基底,在较高的温度下,亚共晶 Al - Si 合金也会析出初晶硅,因而板片较粗,分支也较少。

1) 加钠变质机理

Na 对 Al - Si 共晶合金的变质作用是中和杂质磷和影响共晶硅生长动力学

的综合结果,不同的加钠量会出现下列三种情况。

(1) 微量钠:净化合金,消除了 AlP 对硅的形核作用,消除了初晶硅,出现 α-Al 树枝晶,共晶平台开始下降;

(2) 适量钠:促使硅晶体孪晶增值,同时又封闭孪晶生长台阶使共晶硅分支频繁,从板片状转变为纤维-珊瑚状,使 α-Al 树枝晶轮廓更清晰,共晶平台下降 6~10℃;

(3) 过量钠:产生粗、细过变质带(over-modification band),冷却曲线连续下降,熔化潜热≤外界散热,不出现共晶平台,再辉点消失。

2) 钠的净化作用

工业结晶硅中存在微量磷(万分之几)和铝反应生成 AlP,成为初晶硅的形核基底,加钠后发生下列反应:

$$3Na + AlP \rightarrow Na_3P + Al \tag{6.3.7}$$

Na_3P 属于六方晶型,晶格常数 $a = 4.99$ Å, $c = 8.815$ Å,不能作为硅的形核基底,从而消除了初晶硅的出现。 AlP 对初晶硅的形核不起作用,但在 Al - Si 二相界面上偏聚,导致共晶硅细化,使合金沿相界断裂,降低力学性能;磷的偏聚值 $\Delta P_{相界}$ 可用下式表示:

$$\Delta P_{相界} = A \exp\left(\frac{Q_p}{RT}\right) \tag{6.3.8}$$

式中,A 为振动熵因子;$\Delta P_{相界}$ 为磷在 Al - Si 相界面上填入使相界能降低的能量值。

因为磷与铝有强的亲和力,磷比硅的非金属性更强,能降低 Al - Si 相间的界面能,Q 为正值,所以 $\Delta P_{相界} \geqslant 0$。

3) 钠的变质作用

共晶硅以 TPRE 机理沿{111}面成长,一般铸造条件下只出现一次孪晶,这种孪晶面是成长速度最快的面;在共生生长时,成长速度较慢的侧面将被铝包围;成长速度较快的面伸入液相中直至遇到另一个共晶团为止,从而形成择向成长的层片状。

冷速较快时,引起杂质富集,使硅晶体出现多重孪晶,在这些台阶上容易堆砌硅原子,开始分支,形成骨架状晶体,从树枝状硅晶体的非对称性,可以看到这种高次孪晶形成树枝状硅晶体的可能性。

钠原子填入孪晶生长台阶,封闭了{111}面上高次孪晶台阶,降低了在{111}面簇上的成长速度,合金散热速度不变,为了补偿这种减缓结晶作用,硅晶体一面剧烈分支,同时使{100}、{211}等面簇也开始成长,结果使得初晶硅球化,共晶硅频繁分支,经钠变质的共晶硅的端部较圆滑,这正是钠减缓硅晶体成长,引起分支和增加结晶面的结果。

旋转磁场能细化固溶体型合金,但使变质后的共晶硅粗化,因为它促进界面液体原子的横向运动,破坏钠的吸附作用。

6.3.4 过变质带形成机理

过量钠会出现粗、细两种过变质带,细过变质带的分布总垂直于 α - Al 初晶的成长方向,即与凝固方向垂直,可以体现凝固界面的宏观形态。

当钠含量超过万分之几时,出现过变质带,它围绕共晶团分布,形成共晶团边界,各个共晶团边界两边有深浅不同的衬度,说明有不同的位向,属于不同的共晶团。

适量钠存在时,就能满足下列条件:钠在凝固界面前的富集量等于钠的蒸发量及氧化量,当前者超过后者时,使共晶凝固速度不断下降,当达到一定富集量时,会产生成分过冷,使凝固界面不稳定,为了消除这种不稳定,或者在凝固界面前面产生新的结晶核心,或者是共晶两相中某一相在适当位置优先突出于钠的富集层之外,快速伸入液相中。钠对铝晶体成长的作用小,对硅晶体的成长阻止作用大,故使铝晶体容易突出铝的富集层,随着铝的快速成长,排除的铝原子使共晶硅长得较粗,最后形成了稍粗的共晶硅,其前沿分布着连续的铝晶体层的过渡带。这种过渡带是在凝固界面上快速成长的,所以与界面形状一致,按照泰勒公式,在固相中溶质增量 Δc_S 可用下式表示:

$$\Delta c_S = c_0 \frac{1-K}{K} D\left(\frac{1}{R_1} - \frac{1}{R_2}\right) \tag{6.3.9}$$

式中,c_0 为平衡时固相中溶质的浓度;D 为溶质扩散速度;R_1 为初始凝固速度;R_2 为最终凝固速度。

当 $R_2 \geqslant R_1$ 时,$\Delta c_S \geqslant 0$,钠在共晶硅中的固溶量增大,引起钠在过边带中浓化,消除了钠的富集,正常的共晶凝固又重新开始,直至新的富集层在此形成,最后形成了周期性的过变质带。

钠量更高时,在钠的富集层中形成 AlSiNa 三元化合物,或 Al+Si+AlSiNa 三元共晶体,这种 AlSiNa 和 Si 之间能相互作为形核基底。在共晶团边上,共晶硅便在 AlSiNa 上形核成长,由于过冷度很小(3~5℃),周围硅原子迅速在 AlSiNa 上堆积,随之铝相凝固,最后形成了粗大共晶硅埋在铝基体中的粗过变质带,围绕共晶团分布,性能不均匀,静止或增加 G,可消除过变质带。粗过变质带中有 AlSiNa,而细变质带中只有钠的富集。

在通常情况下,钠量高,G 较小,R 较大,出现粗变质带;而钠量稍高,G 较大,R 较小,出现细过变质带。

6.3.5　Al‐Si 共晶体自然生长形态

G. Day 等用定向凝固技术,通过改变凝固速度 R 和温度梯度 G 控制 Al‐Si 共晶合金的显微组织,归纳出三种不同的共晶硅形态及其相应的存在区域。区域 A 中,G/R 值大,粗大的硅片借助长程扩散成长,Al,Si 两相的生长是相互独立的,铝基体的平面界面生长。区域 B 中,G/R 值较小,铝相的平面界面被破坏,铝相借助短程扩散生长,呈现$\{100\}$纤维状形态。区域 C 中,R 较大,硅晶体严重孪生,含有大量多重$\{111\}$孪晶,通过稳定或不稳定的短程扩散生长。没有任何择优取向相的出现。一般铸造生产条件下所获得的合金组织属于这个区域,如图 6.3.8 所示。

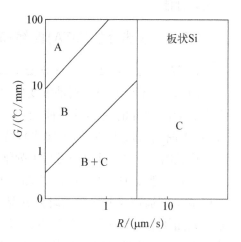

A—二相独立生长区;B—纤维状硅;C—板状硅。

图 6.3.8　根据优先生长机制分类的定向凝固合金的显微组织

6.3.6　激冷与变质处理对 Al‐Si 共晶组织的影响

Al‐Si 二元合金的共晶点偏向铝侧,硅晶体的形核要求在低硅的合金液中使硅通过浓度起伏聚集足够的硅原子,可见硅的形核和长大过程对动力学因素的敏感性比铝大得多,即 ΔT_k 较大。

激冷时,由于硅原子来不及扩散集中,使形核、成长都受到阻碍,导致合金较大过冷且析出 α-Al。在过冷度较大的条件下,两相共生生长界面前沿原子只能作近距离扩散和实孪晶分支密度的增加,使共晶硅高度分支,但其过程与加钠不同,快冷没有钠的封锁孪晶生长台阶的作用,共晶硅仍旧以孪晶方式生长,断面为板片状;生长表面不断出现孪晶分支,使共晶 Si 的生长方向不断改变,共晶硅也是扭曲的,但比用钠变质的共晶硅挺直。由于铝的结晶潜热约是硅的 $\frac{1}{3}$,而导热系数大得多,冷却速度快时在硅相前沿析出的结晶潜热比 α-Al 多而散热慢,故 α-Al 可能超越硅的生长表面而把共晶硅的端部包住,这也起着阻碍硅片长大的作用。冷却速度越快,这种热物理性能差别对两相共生生长的影响也越大。

一个明显的例子是 Al-Si 共晶合金液淬时与铸铁不同,可经常在液淬组织中看到共晶硅的端部全部被 α-Al 所包围,只有个别共晶硅的端部与液淬共晶硅相连。可见,这种 α-Al 封锁共晶硅生长端部的现象是在液淬过程中瞬时出现的。

因此,即使是金属型铸造,也需要加钠进行变质处理,进一步提高力学性能和工艺性能。

6.3.7 差热分析(DTA)曲线和微分差热分析(DDTA)曲线

1) 锶、锑对 Al-12.7%Si 合金凝固过程的影响

图 6.3.9(a)(b)(c)分别是未变质、加锶变质、加锑变质的高纯铝Al-12.7%Si 合金凝固过程的差热分析曲线(DTA 曲线),差热分析对时间的微分曲线(DDTA 曲线)和温度曲线(T 曲线),特征温度和相变时间也显示在图中。

比较图 6.3.9(a)(b)(c)可得下列结果。

(1) 加锶或加锑变质时,共晶反应时间约为 4.5 min,而未变质时只有2.95 min,即加锶或加锑变质时使共晶生长的体速度下降了,这说明锶、锑均有阻碍共晶体生长的作用。虽然共晶反应结束点的确定是困难的,但如将 DTA曲线上共晶反应的最后一个拐点,即 DDTA 曲线上第二个峰值定义为共晶反应结束,既合理,也容易确定。

(2) 加锶变质时,在析出共晶之前会析出 α-Al,α-Al 初晶形核温度(571.5℃)比共晶形核温度(569.7℃)高出 1.8℃,但在 2℃/min 的极慢冷速下,加锑时并无 α-Al 初晶析出,这是因为锶使共晶平台下降 70℃,而加锑只下降 3~5℃,加锶变质时合金仍处于共生区的左边,而加锑时合金凝固点已落入共生区,析出 α-Al 初晶的驱动力很小,故几乎无 α-Al 初晶析出。

(3) 加锶或加锑变质后共晶形核温度(分别为 569.7℃,571.5℃)明显高于未变质时共晶形核温度 563.5℃,即锶或锑提高了共晶形核温度。这一现象容易和"变质后降低共晶平台"现象相混淆,以为出现了矛盾,应该指出,共晶形核温度 $T_{E形核}$ 与共晶平台温度 T_E 之间并无必然的联系。因为共晶形核时,温度-时间曲线上不能反映这个热效应。只有当析出大量共晶体,热效应显著时,才能在温度-时间的冷却曲线上反映出来;在冷却曲线上首先出现的是再辉,说明相变放热速度大于体系的散热速度,以后当相变发热和体系散热达到动态平衡时,即出现共晶平台;DTA 的特点是对体系中的热变化很敏感,首批共晶形核析出,就能在 DTA 曲线得到反映,所以 $T_{E形核} \geqslant T_E$。

2) 锶、锑对 Al-9%Si 合金凝固过程的影响

图 6.3.10 是 Al-9%Si 合金的差热分析曲线,图 6.3.11 是其对应的 T_E、$T_{E形核}$。

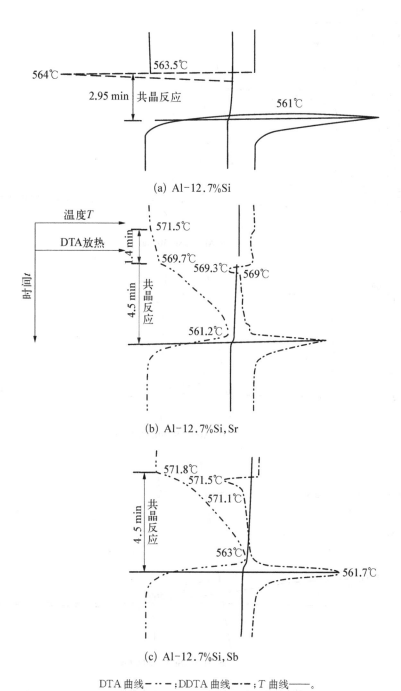

(a) Al-12.7%Si

(b) Al-12.7%Si, Sr

(c) Al-12.7%Si, Sb

DTA 曲线 - - - ;DDTA 曲线 —·— ;T 曲线 —— 。

图 6.3.9 高纯铝 Al - 12.7%Si 合金的差热分析曲线

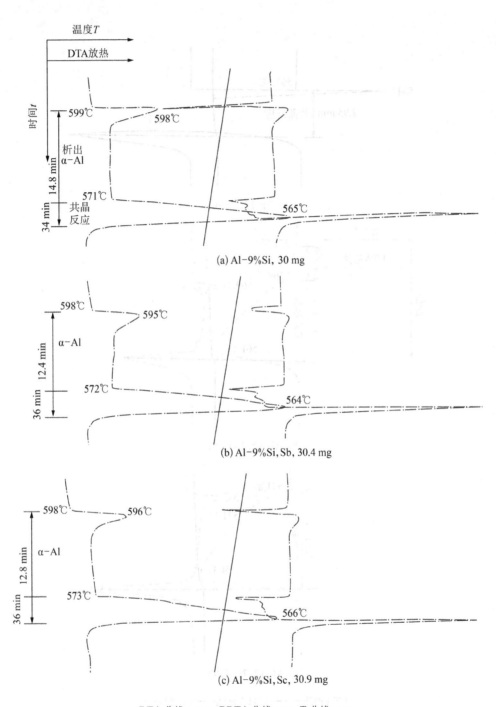

(a) Al-9%Si, 30 mg

(b) Al-9%Si, Sb, 30.4 mg

(c) Al-9%Si, Sc, 30.9 mg

DTA 曲线— · · —；DDTA 曲线— · · —；T 曲线———。

图 6.3.10　Al-9%Si 合金的差热分析

图 6.3.11 不同的 $T_{\mathrm{E形核}}, T_{\mathrm{E}}$

(1) Al-9%Si 的共晶形核温度 571℃比 Al-12.7%Si 合金的 563℃高,说明 α-Al 能作为共晶的非自发形核基底。

(2) Sr、Sb 对 α-Al 形核温度基本没有影响,使 $T_{\mathrm{E形核}}$ 提高 1～2℃,但不如 Al-12.7%Si 合金高(提高 8℃),因为 α-Al 的存在提高了 $T_{\mathrm{E形核}}$,使 Si、Sb 提高 $T_{\mathrm{E形核}}$ 作用不明显。

(3) Sr、Sb 均使 Al-9%Si 合金共晶反应时间增加,即降低共晶生长体速度,这与 Al-12.7%Si 合金凝固时情况相同,可见,α-Al 的存在对加 Sr 或 Sb 的共晶生长无明显影响。

综上所述,变质元素对共晶形核的影响决定 $T_{\mathrm{E形核}}$,而共晶平台温度 T_{E} 由变质元素阻碍共晶生长的程度所决定,两者之间无必然的联系。

锶或锑能中和磷,促使 α-Al 优先析出(根据表面现象变质前共晶硅在α-Al 初晶上容易形核),一旦共晶硅形核,由于合金冷却过程中,DDTA 曲线上第一个峰(对应于 DTA 曲线上第一个拐点)刚结束时的温度是共晶结晶放热速度出现新的明显变化的温度,在图 6.3.9(a)(b)(c)上分别为 564.5℃,569℃,571.2℃,可将这些温度定义为"放热突变温度",从图 6.3.9 中可见,未变质时,DDTA 曲线上第一个峰值比加锶、加锑变质时大得多,说明从共晶形核到放热突变这段时间内的相变速度增加很快,共晶形核后呈现爆发型长大,由于没有 α-Al 作基底,共晶形核温度 $T_{\mathrm{E形核}}$ 较低。但一旦共晶硅形核,便按 TPRE 孪晶凹角长大机理,迅速长大,同时开始共晶共生生长,形成层片状的 Al-Si 共晶合金,由于单位时间内析出的热量多,而散热条件一定,因此,共晶平台较高。加锶、加锑变质的情况有所不同,$T_{\mathrm{E形核}}$ 较高,而共晶共生生长的速度较小,因而共晶平台较低。对共晶硅成长阻碍越严重,共晶平台就越低。

6.3.8 对变质剂变质能力的评价

1)临界冷却速度

如何评价不同变质剂的变质能力是一个很有意义的问题,国内有人提出了"临界冷却速度",认为每一种变质剂都要求一个临界冷却速度 v_{C},当低于这个临界冷却速度时,不论加入量多少,都得不到正常的变质组织。临界冷却速度越小,标志变质能力越强。这个概念使人们对"变质剂对冷却速度的敏感性"赋予了量的内容,在不同的变质剂之间有一个评价变质能力的客观标准。表 6.3.2 为测得的几种元素对 Al - Si 共晶合金产生变质效果的临界速度 v_c,图 6.3.12 为不同变质元素的临界冷却速度。从表 6.3.1 可知,钠的临界冷却速度最小,为 8℃/min,Mg 的 v_c 为 440℃/min,用一般铸造方法包括金属型达不到如此高的冷却速度,因此,不能作为变质剂使用。另外还可以看出,对每一种变质元素还存在着一个变质剂的最佳含量 $c_佳$。对于这一点,还需要进一步探讨。有观点认为,吸附在硅的孪晶生长台阶上的变质剂原子有向晶粒内部扩散的趋势,从而减少界面上吸附变质剂原子的数目,对于某一种变质元素而言,在某些界面上需要保持一个最低的吸附浓度才能使共晶硅按变质形态生长。因此合金必须具备最低点冷速才能使合金变质。

表 6.3.2 变质元素在不同冷却速度下对 Al - Si 共晶合金的变质效果

变质元素	冷却速度 $v/(℃/min)$	质量浓度 范围/%	临界冷却速度 $v/(℃/min)$	v 时的变质 元素浓度/%
Na	58 78 147	0.03~0.35 0.02~0.47 0.02~0.83	8	0.04
Sr	58 110 258	0.02~0.09 0.02~0.04 0.02~0.60	31	0.03
Sb	285 475 815	0.1~0.26 0.1~0.76 0.1~1.5	207	0.10
Mg	394 475 815	0~2(不变质) 0.04~0.10 0.02~0.70	440	0.05

2) 变质剂的变质阈值

我们的研究工作发现,极其缓慢的低于"临界冷却速度"冷却的Al - Si共晶合金,只要锶含量超过变质阈值,仍能获得正常变质组织,不存在变质的"临界冷却速度"。当锶含量低于变质阈值时,则出现亚变组织,试棒断面可分为三层,外层为激冷层,组织细密,心部为变质组织,中间为非变质组织。

Na 在 α-Al 相和液相中的分配系数小于 1,Na 在 α-Al 相液相和硅相中沿生长界面方向和生长方向的浓度分别表示于图 6.3.13 中。

图 6.3.13(a)为 Al-Si 共晶生长界面形态;图 6.3.13(b)为液相中 Na 的浓度沿 y 方向的分布,由于 Na 在 Si 相中的溶解度小于在 α-Al 相中的溶解度,Si 相前沿排除的 Na 较多,因而 Na 的浓度较高;图 6.3.13(c)为固相中 Na 的浓度分布,在(α-Al)-Si 相界面上 Na、Sr 的浓度是最高的;图 6.3.13(d)为 Na、Sr 在液相中沿生长方向的浓度分布。

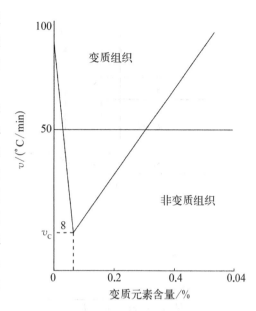

图 **6.3.12**　不同变质元素的临界
冷却速度曲线

假如忽略液相中 Na 沿生长界面方向的横向扩散,并认为共晶生长是稳定的,凝固初期 c_1 比 c_B 略高一些,但可近似地认为 $c_1 \approx c_B$,以后逐渐接近,可建立下列关系:

$$c_{ic} = K_e c_{lc} = K_e c_{BC} \tag{6.3.10}$$

$$K_e = \frac{K_0}{K_0 + (1 + K_0)c^{-R\delta/D}} \tag{6.3.11}$$

图 6.3.13 和上式中,c_i 为(α-Al)-Si 相界面处,α-Al 相中 Na、Sr 的浓度;c_{il} 为(α-Al)-Si 相界面前沿液相中 Na、Sr 的浓度;c_{ic} 为(α-Al)-Si 相界面处 α-Al 相中 Na、Sr 的变质临界值;c_{lc} 为使合金变质的液相中 Na、Si 的平均浓度;c_1 为剩余液相中 Na、Sr 的平均浓度;c_B 为合金中 Na、Sr 的平均浓度;c_{BC} 为变质阈值;c 为合金元素的含量;K_e 为有效分配系数;K_0 为平均分配系数;δ 为边界层厚度;R 为冷却速度;D 为溶质扩散系数。

首先,当合金的冷速 R 较小时,由于 c_{ic} 是从热力学角度提出的,与动力学因素无关,为一定值,故 c_{BC} 变大,即变质阈值较大。若合金的冷速无限缓慢,$R \to 0$,则 K_e 趋向 K_0,只要合金液中的 Na 含量 $c_{BC} \geqslant c_{ic}/K_0$,合金组织仍以变质形态生长,所以并不存在变质的临界速度。

其次,若硅界面存在变质剂原子的吸附,则这是由热力学势能决定的,与冷速无

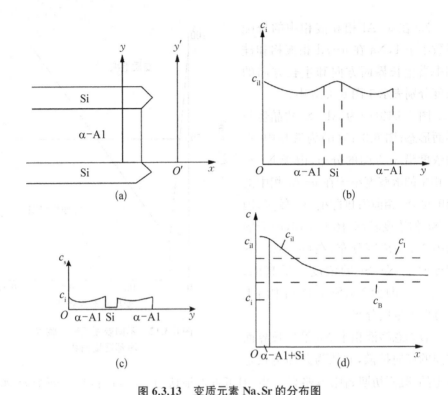

图 6.3.13　变质元素 Na、Sr 的分布图

关；已经证明即使冷速 $R \rightarrow 0$，界面上变质剂浓度仍高于液相中的变质剂平均浓度。

　　3）研究变质机理的新方向

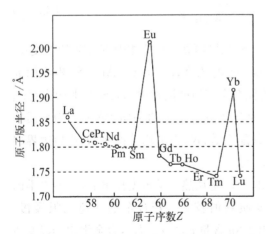

图 6.3.14　镧系元素原子半径、原子序数及其对 Al - Si 共晶合金变质能力的影响（冷却速度 $v=70 \sim 80℃/min$）

　　（1）研究变质剂原子结构对变质效果的影响。

　　图 6.3.14 所示为镧系元素原子半径、原子序数及其对 Al - Si 共晶合金变质能力的影响。郑朝贵等人的研究认为，晶体生长论虽然解释了共晶硅从板片状转变为纤维状的机理，但这仅仅说明了变质后共晶硅相形成的物理（热力学、动力学）过程，并没有进一步考虑变质剂原子的本性对变质作用的影响，不能解释何以不同元素甚至性质相近的元素变质能力却有极大的差别。他

们用稀土熔盐电解法,在液态 Al-Si 合金中分别定量地添加了 La、Ce、Pr、Nd、Sm、Eu、Gd、Tb、Ho、Er 和 Yb 等 11 个单一稀土及一个混合稀土作为变质剂,在冷速为 70~80℃/min 下研究变质效果,发现 Eu、Yb 具有最强的变质能力,La 次之,Ce、Pr、Nd 及混合稀土变质的能力稍低于 La。稀土元素的变质能力随原子半径的减小而迅速降低,到 Er、Yb 已不具有变质能力。Eu 的变质能力反常地强,正好与其半径(0.202 nm)反常突跃相一致,其变质能力与相邻的 Sm、Gd 形成鲜明的对照。预期镧系中原子半径另一个突跃的元素 Yb 将表现出强烈的标变质能力,其能力似将低于 Eu 而高于 La,Yb 与 Sm 的原子半径均为 0.181 nm,但 Sm 具有弱的变质能力,而 Yb 不具有变质能力,这可能是其外层电子比镧系元素低一个周期所致,因此可以设想,外电子层相似,价电荷及原子半径相同的情况下,f 层电子对变质能力也有影响。

在具体分析了不同原子的结构特性后,发现除 Eu 外,La 系元素的变质效果似乎和原子序数有关,La 系元素原子的最外电子层几乎具有相同的 $5s^2$,$5p^6$,$6s^3$ 的结构,随着原子序数的增加,电子充填在 4f 内层轨道上,因而出现 La 系收缩。当绘出 La 系元素的原子半径与原子序数的关系图时,发现 La 系元素的变质能力与其原子半径有密切的关系(见图 6.3.15)。随着原子半径内 La 的半径 0.187 nm 减小至 Er 的 0.175 nm,其变质能力迅速变弱。大体上原子半径小于 0.181 nm 时,变质作用即减弱到没有实际意义的程度。如果将 La 系元素的变质能力分为四个阶段(见图 6.3.14),则可认为原子半径 $r \geq 0.185$ nm 者为强变质剂,0.182 nm $\leq r <$ 0.185 nm 者为中等变质剂,0.176 nm $\leq r <$ 0.182 nm 者为弱变质剂,$r <$ 0.176 nm 者不具有变质能力。

Y 不属于 La 系,其原子半径为 0.181 nm,但也不具备任何变质能力,显然是由于其外层电子为 $4s^2 4p^2 4d^1 5s^2$,比 La 系元素低一个周期所致,可见外层电子相似,价电荷及原子半径相同的条件下原子序数对变质能力是有影响的。

(2) 通过测定界面张力研究变质元素在硅晶体生长表面及不同晶面的吸附规律。

锶、锑对 Al-Si 共晶合金液与硅晶面之间的界面张力的吸附规律如下。

纵观ⅢB族,放射性元素 Ac 比 La 系元素高一个周期,其价电荷数是相同的,Ac 的原子半径为 0.203 nm,略大于 Eu(0.202 nm)。根据 Y-La-Ac 的顺序,可以预期 Ac 将具有比 La(甚至 Eu)更强的变质能力。这样在周期表上最强的变质元素 Na、Sr、Ac 正好处在一个独特的斜线位置上,即变质剂的价电子增加时,每增加两个周期,增加一个强变质元素。

以 e 代表价电荷数,r 为原子半径,Z 为原子序数,三者存在下列关系:

$$\frac{e^2}{r} = 0.05Z$$

此式不具有函数关系,仅为实验结果,尚不能据以推广预示其他元素的变质能力,但可以明显地看出变质能力和存在上述组合关系是分不开的,如表 6.3.3 所示。

表 6.3.3　变质元素的参数

元素	e	r	Z	$\dfrac{e^2}{rZ}$
Na	1	1.855	11	0.049
Sr	2	2.15	38	0.049
Ac	2	2.03	89	0.022

总之,变质能力与变质剂元素本性,如电子层结构、价电荷数、原子半径以及原子序数等有关。

(3) 用坐滴法界面测定仪,分别测定了锶、锑对 Al-Si 共晶合金液与不同硅晶面之间的界面张力。

根据 Youngs 公式,变质前有:

$$\sigma_{l-s} = \sigma_s - \sigma_l \cos \theta_{l-s} \qquad (6.3.12)$$

式中,σ_{l-s} 为液-固界面张力;σ_s,σ_l 分别为固相、液相界面张力;θ_{l-s} 为润湿角。

变质以后有:

$$\sigma_{l-s} = \sigma_s - \sigma_l \cos \theta_{l-s}$$

则添加变质元素后引起的液-固界面张力变化:

$$\Delta\sigma_{l-s} = \sigma'_{l-s} - \sigma_{l-s} = (\sigma_s - \sigma'_l \cos \theta'_{l-s}) - (\sigma_s - \sigma_l \cos \theta_{l-s}) \qquad (6.3.13)$$
$$= \sigma_l \cos \theta_{l-s} - \sigma'_l \cos \theta'_{l-s}$$

变质前后界面的张力如图 6.3.15 所示。

根据不同温度下测得的润湿角 θ_{l-s}、θ'_{l-s},经过计算得到不同温度下加锶或加锑引起的界面增量 $\Delta\sigma_{l-s}$ 列于表 6.3.4、表 6.3.5 中。

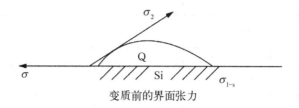

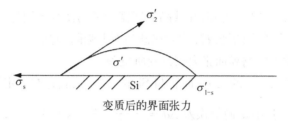

图 6.3.15　变质前后界面的张力示意图

表 6.3.4　加锶引起的 Al‑Si 共晶合金界面张力增量

温度/℃	730	750
$\theta'_{1-s}(111)_{Si}$	770	670
$\theta'_{1-s}(110)_{Si}$	980	900
$\theta'_{1-s}(111)_{Sr}$	430	400
$\theta'_{1-s}(110)_{Sr}$	508	550
$\sigma'_1/(erg/cm^2)$	8 520	8 500
$\sigma_1/(erg/cm^2)$	8 720	8 600
$\Delta\sigma'_{1-s}(110)_{Si}(erg/cm^2)$	4 470	3 270
$\Delta\sigma'_{1-s}(111)_{Si}(erg/cm^2)$	5 800	4 930

表 6.3.5　加锑引起的 Al‑Si 共晶合金界面张力增量

温度/℃	640	660	680	700	730	750
$\theta'_{1-s}(111)_{Si}$	87	88	80	74	64	60
$\theta'_{1-s}(111)_{Si}$	69	590	520	470	430	400

续　表

$\sigma_1(\mathrm{erg/cm^2})$	966	954	942	930	912	900
$\sigma_1(\mathrm{erg/cm^2})$	926	914	902	890	872	860
$\sigma_1(\mathrm{erg/cm^2})$	450	437	392	350	238	209

由表 6.3.4、表 6.3.5 可知,在共晶温度锶和锑均使合金液与硅晶面之间界面张力增加,即合金液中的锶或锑均无在硅晶面上吸附的倾向。

(4) 从变质剂影响界面张力探讨变质机理。

Al-Si 合金中 Al 的{100}面簇与 Si 的{110}面簇存在一定的共格关系,如图 6.3.16 所示。其中 a 向的误差 $\Delta a = \dfrac{4.05-3.82}{4.05} \times 100\% = 5.7\%$;$c$ 向的误差较大,但(100)$_\mathrm{Al}$ 的 4 个点阵距离(4×4.05)与(110)Si 的 3 个距离(3×5.42)接近,这时 $\Delta a = \dfrac{16.20-16.26}{16.20} \times 100\% = -0.4\%$。

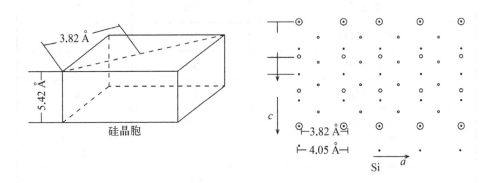

图 6.3.16　(100)Al∥(110)Si

因而在没有足够的锶原子存在的情况下,上述的共格关系不够明显,当 Al-Si 相界面处 α-Al 相中的锶含量达到临界值 c_i 时,将显著改变相界面上原子的排列,降低(100)Al 面簇和(110)Si 面簇之间的界面张力,使原来不明显的惯析面关系变得明显,从而使以 TPRE 机理生长的板片状硅转变为以⟨100⟩向生长、并以{100}Al 和{110}Si 作为共格界面的棒状共晶硅。当锶含量不足时,将恢复 TPRE 机理生长,生长为[211]向的板片状共晶硅,亚变组织很好地证明了这点。图 6.3.17 为棒状共晶硅生长模型。

需要进一步搞清楚的是锶原子是通过什么途径改变{100}Al 和{110}Si 之

间的界面张力的。可以认为,铝液的
表面张力系数越小,越有利于 α-Al
的形核、成长;合金的表面张力系数 σ
与溶质的原子半径 r、电子逸出功 φ
之间有下列关系:

$$\sigma = 444.5 \frac{\varphi}{r^2} - 100 \quad (6.3.14)$$

可见,加入元素的原子半径越
大,越有利于 α-Al 优先析出,抑制 Si
晶体的形核、长大,变质效果就越好。

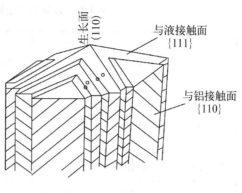

图 6.3.17　棒状共晶硅生长模型

6.4　铝合金中非金属夹杂含量测试方法

铝合金中非金属夹杂检测方法分为两类:① 定量测定引起铸件报废的非金
属夹杂的方法;② 观察缺陷本身,非金属夹杂只是废品的潜在起因而非缺陷本
身。塑性变形铝型材因非金属夹杂引起报废的种类很多,因此没有限制非金属
夹杂的阈值;对塑性变形铝型材、铸件允许的非金属夹杂含量的标准是不同的,
分析方法只涉及铝液或铸坯。

本节重点是分析废品,尤其是"分层"。"镦粗试样"一直是鉴定金属纯度的
方法,与宏观检验一起组成废品分析技术;新的超声波检验及涡流检验能检验内
部缺陷并实现自动化。

6.4.1　H₂ 含量的测定

1) 第一气泡法

第一气泡法由古特钦可提出,其测试原理为基于 Borelius 公式,即式
(1.2.13),当铝液中氢气泡分压满足 $p_{H_2} \geqslant p_a + \rho g h + 2\sigma/r$ 时,铝液中将出现第
一批气泡,由于近铝液表面处 $\rho g h$ 小,气泡通常在近表面处产生。测定时,将铝
液浇入真空炉内的坩埚中,在温度不变的条件下,连续降低压力,然后观察液面
何时出现气泡。根据出现气泡时的温度、压力,可按式(1.2.13)算出 H₂ 含量。
计算铝合金液中的 H₂ 含量时,公式中的常数 A、B 见表 6.4.1。

根据计算,相对于液面上的炉气压力、大气压力 p_a,$\rho g h$、$2\sigma/r$ 都很小,
式(1.2.13)可简化为 $p_{H_2} \geqslant p_a$,测得出现第一批气泡时的铝液温度 T 和液面
上的炉(大)气压力 p_a,就可根据 $\lg S = -A/T + B + (1/2)\lg p_{H_2}$,计算 H₂ 含

表 6.4.1 计算铝合金液中 H_2 含量的常数表

合金牌号	组别	Mg 的质量分数/%	常 数	
			A	B
АД00,А7,А5,АД0,АД1,АДН1,АД,АМц,Д20,АП,АД31,АК6,АК8	I	—	2 760	1.356
Д1,АД33,АВ,АМШ-1	II	0.4～1.0	2 750	1 296
АК4,АК4-1,АЦМ,01 915,Д16	III	1.1～1.7	2 730	1.454
АМг2,В95,1191,(ВАД1),Д19	IV	1.8～2.8	2 714	1.484
АМг3,В96	V	2.9～4.0	2 682	1.521
АМг5	VI	4.1～5.5	2 640	1.549
АМг6	VII	6.5	2 606	1.590

量,即 H_2 的溶解度 S。

第一气泡法的装置简单、方法简便,是炉前控制的有效手段,但受人为因素影响大,因为要求铝液冷却速度、降压速度波动小,操作人员熟练,能精确判断第一批气泡的出现时间。

2) 铝液在线测氢仪快速定氢法

此法脱胎于 1989 年面世的 Telegas,测试原理为：测定时,向铝液通入可循环的氩气,氢渗入氩气泡中形成氩-氢混合气流,混合气流中的 H_2 含量逐渐升高,直至恒定,这时,气体闭路中的 H_2 含量可通过特有的热传感器检测,获得铝液中的 H_2 含量。此法快速,可重复测定,准确性高,适用于铸造车间的在线测量。经过不断改进,Pyrotek 公司推出的测氢仪 AlSCCAN 可借助内置微处理器操作及处理数据。

测定过程就是脱气过程,不能重复测量同一炉铝液。

6.4.2 氧化夹杂的测定

氧化夹杂物主要是 Al_2O_3,其在铝液中的分布是不均匀的,现有的测定宏观试样中氧化夹杂的方法很多,其测定结果无论是氧化夹杂的组成或数量都只能代表试样本身,不能代表整个铝熔体中氧化夹杂的含量。测定氧化夹杂方法中,曾长期应用的有 CH_4 法、溴乙酸盐法等。其中,最有前途的是中子法。然后,将氧含量换算成 Al_2O_3。

Pyrotek 开发的铝夹杂物分析仪 LiMCA CM 能在线、实时测量夹杂物,工作原理为带有通孔的玻璃探头插进铝液底部,铝液吸入探头,电极内外建立 60 A 直流电流,不导电的夹杂物通过通道在电极产生一个电压脉冲,侦查并测得电压脉冲得到夹杂物的尺寸分布状态数据。

Pyrotek 配置了 LiMCA CM,配有控制台,具有数据管理和监控功能。

6.4.3　夹杂测试与断口检验

铝合金中夹杂测试与断口检验是铝合金冶金质量检测的重要手段,下面介绍分析、测试和检验方法。

1)比重法

比重法的原理是,材料中的非金属夹杂含量越少,密度越大。试样选取部位要有代表性。

$$\gamma = \frac{G}{G - G_{\mathrm{w}}} \tag{6.4.1}$$

式中,G 为空气中试样的质量,单位为 g;G_{w} 为水中试样的质量,单位为 g。

2)低倍组织检验

低倍组织检验不仅能发现缺陷本身,且能判断缺陷的特征,分清气孔、缩孔、分层及夹杂物等。

3)断口检验

断口检验不但能发现所有在低倍组织检验时发现的缺陷,还能发现低倍组织检验不能发现的晶粒组织;密集的非金属夹杂在低倍组织检验或断口检验时,表现在金属间化合物、铸锭中的气孔和分层在两者之间是不同的,如断口检验分层能获得更多的信息,可以分清晶粒度大小、白点、变质等级及非金属夹杂含量等。

4)金相磨片

可以分清气孔大小、数量、分布,判断针孔等级、晶粒度大小等。

5)扫描电镜观察

根据断口形貌判断断裂特征,能检验裂纹、非金属夹杂、大块金属间化合物及气孔,在铝半成品中还能看到分层和斑点,同时可以知道晶粒状态。

6)其他检测方法

(1)氧化夹杂 Al_2O_3 表面被 H_2 覆盖面积的计算。从铝合金中分离出来的不同形态的氧化夹杂 Al_2O_3，装入容器中，在 $700\sim800℃$ 进行彻底真空脱气，然后通入有一定压力的纯 H_2，保持 3 h，直至 H_2 的压力不再变化，建立起平衡为止。测定单位面积 Al_2O_3 表面吸附的 H_2 后，可求得不同 Al_2O_3 表面被 H_2 覆盖的比例：

$$\Delta = AN_A\delta = \frac{pV}{RTF}N_A\delta \qquad (6.4.2)$$

式中，A 为单位面积 Al_2O_3 表面吸附的 H_2 的物质的量，单位为 mol/m^2；N_A 为阿伏伽德罗常数，$6.022\times10^{23}/mol$；δ 为 1 个氢分子的截面积，单位为 m^2；F 为 Al_2O_3 的表面积，单位为 m^2，可用 β 法测得。

对于 γ-Al_2O_3，测得 $A=0.5\times10^{-7}\ mol/m^2$。

因为每个氢分子的体积 $V = \dfrac{22.4\times10^{-3}}{6.022\,04\times10^{23}} = 3.719\,669\,7\times10^{-26}/1$ 个氢分子，氢分子的直径 $d = \sqrt[3]{\dfrac{6V}{\pi}} = \sqrt[3]{\dfrac{6\times3.719\,669\,7\times10^{-23}}{\pi}} 4.141\,5\times10^{-9}\ m$，所以，可以计算出 $\delta = \dfrac{\pi}{4}d^2 = \dfrac{\pi}{4}(4.141\,5\times10^{-9})^2 = 1.347\times10^{-17}\ m^2/1$ 个氢分子。

代入式(6.4.2)得：

$\Delta = 0.5\times10^{-7}\times6.022\,04\times10^{23}\times1.347\times10^{-17} = 0.405\,5 = 40.55\%$

即 H_2 的表面覆盖率为 40.55%。

（2）金相法确定铝材中的氧化夹杂。金相磨片取自有非金属夹杂的部位，不腐蚀，显微镜下 $100\sim1\,800$ 倍。非金属夹杂分为：① 熔融金属液和炉气的反应产物；② 熔融金属液和炉衬的反应产物。铝合金中的氧化夹杂是 γ-Al_2O_3（氧化膜）、α-Al_2O_3（刚玉），形状如弯曲的细条（丝状），与气泡、金属间化合物搅在一起。刚玉呈块状，发黑，500 倍以上能看到晶粒结构，在偏振光或暗场中仍发黑，但晶粒更清楚；镁的氧化物呈黑色不规则块状，在偏振光下颜色浅；镁尖晶石 $MgAl_2O_4$ 呈淡黄色，在偏振光或暗场中发亮；熔融金属液和炉衬的反应产物通常是数种不同金属的氧化夹杂集合，在偏振光或暗场中能区别不同的相；铁的化合物呈暗红色或咖啡色；SiO_2 呈灰黑色。

（3）显微 X 光摄影法测定气孔。测定试样气孔总体积时，先精确测定有气孔的试样，再测定在高温下压扁气孔后的体积，即可求得气孔总体积。测定气孔的尺寸、形状及其他特征时采用显微 X 光摄影法定量金相。

1 cm³ 型材中的气孔总体积由下式确定：

$$\Delta V/V = (\rho_M - \rho)/\rho_M \qquad (6.4.3)$$

式中，ρ 为有气孔的试样的密度（g/cm³）；ρ_M 为三维压缩后试样的密度（g/cm³）。

测得试样的密度 ρ 后，在 450℃时进行三维压缩，车光试样后，再测定其密度 ρ_M，由于 450℃时要发生相变，会引起三维压缩前、后的附加密度差，因此，在测定前，必须在 450℃退火 30 min；三维压缩的压强为 40 kgf/mm²，450℃保持 10～15 min；显微 X 光摄影可显示气孔所占面积的比例、气孔的轮廓、单位面积上的气孔数。

参考文献

[1] Бокий Г Б. Введение в кристаллохимию[M]. Изд. МГУ，1954：490.

[2] Лайнер А И. Производство глинозёма[M]. Метллургиздат，1961：919.

[3] Радин А Я. Гидродинамика расплавленных металлов[M]. Изд-во. АН СССР,1958：237 - 257.

[4] Никифоров Г Д. Металлургия сварки плавлением алюминиевых сплавов [M]. Машиностроение，1972：204.

[5] Галктионова Н А. Водород в металлах [M]. Металлургия，1967：304.

[6] Шаров М В. Легкие сплавы и методы их обработки[M]. НАУКА，1968：14 - 23.

[7] Колачев Б А. Водродная хрупкость цветных металов[M]. Металургия，1966：256.

[8] Achibut S L. A Method of improving the properties of aluminum alloy casting[J]. Journal of Institute of metals，1925，227：33 - 38.

[9] Андреев А Д. Анализ некоторых закономерностей процесса дегазации расплава при продувке его инертвыми газами [M]. Металловедение сплавов легких металлов，1970：72 - 80.

[10] Sigworth G K. Chemical and kinetic factors relation to hydrogen from aluminum[J]. Met. Trans. 138，1982：447 - 460.

[11] Sigworth G K. A scientific basis for degassing aluminum. AFS Transactions [J]，1987，95：73 - 78.

[12] 巫瑞智.铝熔体除氢的研究[D].上海：上海交通大学,2006：12 - 15.

[13] 杨长贺,高钦.有色金属净化[M].大连：大连理工大学出版社,1989.

[14] 切尔涅茄.有色金属及其合金中的气体[M].黄良余,严名山,译.北京：冶金工业出版社,1989.

[15] Литвинцев А И. Строчечные расслоения в листах из алюминиево-магниевых сплавов[M]，Куйбышевское книжное издательство，1965：30.

[16] 丁文江,黄良余,翟春泉,等.过变质 Al-Si 共晶合金中共晶硅形貌的研究[J].金属学报,1983,19(2):A106-A109.

[17] 黄良余,王玉琮,翟春泉,等.Al-Si 合金加 Sr 和加 Sb 变质的研究[J].金属学报,1986,(4):A310-A315.

[18] 王玉琮,黄良余,翟春泉,等.Sr 和 Sb 对 Al-Si 合金凝固过程的影响[J].金属学报,1987,23(6):A498-A502.

[19] 黄良余.国外铸铝熔炼工艺发展[J].国外铸造,1975,(2):23-27.

[20] 黄良余.铝合金反压铸造简介[J].现代铸造,1981,(3):32-37.

[21] 黄良余,丁文江,林凡,等.Al-Si 共晶铝合金中微量磷的作用[J].现代铸造,1982,(1):28-31.

[22] 黄良余,翟春泉,林凡,等.Al-Si 共晶合金长效变质剂——JDSB-1 双色变质块的研制[J].热加工工艺,1983,(2):1-5.

[23] 黄良余,翟春泉,丁文江,等.铝、铜合金的新型精炼剂——JDJL-1 三气精炼剂的研制[J].特种铸造及有色合金,1983,(2):18-23.

[24] 谢管湘,黄良余,祝峰.铝合金熔炼参数对精炼炉气的影响[J].特种铸造及有色合金,1985,(4):26-30.

[25] 黄良余,王玉琮,翟春泉,等.一种简易、可靠的测量 Al-Si 共晶合金枝晶臂间距(DAS)的方法[J].特种铸造及有色合金,1985,(6):15-18.

[26] 黄良余,陆克明,翟春泉,等.电阻率法预测 Al-Si 共晶、亚共晶合金变质等级及机械性能[J].兵器材料科学与工程,1986,(8):17-21.

[27] 丁文江,黄良余,翟春泉,等.Al-Si 合金中锶、钠、锑变质作用机理[J].兵器材料科学与工程,1986,(8):35-39.

[28] 王玉琮,黄良余,翟春泉,等.锶变质铝硅合金吸氢问题的研究及其精炼方法[J].铸造,1986,(8):32-35.

[29] 翟春泉,丁文江,黄良余,等.JDLF 铝合金清渣剂的研制[J].机械工程材料,1991,(3):39-42.

[30] 黄良余,徐东,邓祖威.反压铸造铝合金薄壁壳体件凝固过程的研究[J].宇航学报,1992,(2):24-28.

[31] 徐东,邓祖威,黄良余.反压砂型铸造充型能力的实验测定研究[J].特种铸造及有色合金,1992,(4):14-18.

[32] 黄良余.铝硅合金变质机理的新发展和新观点(上)[J].特种铸造及有色合金,1995,(4):30-33.

[33] 黄良余.96′国际铸造展览会——有色合金部分[J].特种铸造及有色合

金,1996,(5)：1-4.

[34] 黄良余.第62届世界铸造会议宣读论文综述(有色金属部分)(上)[J].特种铸造及有色合金,1997,(1)：36-40.

[35] 黄良余.第62届世界铸造会议宣读论文综述(有色金属部分)(下)[J].特种铸造及有色合金,1997,(2)：40-43.

[36] 黄良余.铝及其合金的晶粒细化处理简述[J].特种铸造及有色合金,1997,(3)：35-37.

[37] 熊艳才,刘伯操.铸造铝合金现状及未来发展[J].特种铸造及有色合金,1998,(4)：1-5.

[38] 陆文华,李隆盛,黄良余.铸造合金及其熔炼[M].北京：机械工业出版社,2005.

[39] 韦世鹤.铸造合金原理及其熔炼[M].武汉：华中理工大学出版社,1997.

[40] 李隆盛.铸造合金及熔炼[M].北京：机械工业出版社,1989.

[41] 联合编写组.铸造有色合金及其熔炼[M].北京：国防工业出版社,1980.

[42] 陆树苏.有色铸造合金及熔炼[M].北京：国防工业出版社,1980.

[43] 康积行.常用铸造合金炉前质量检测[M].北京：机械工业出版社,1982.

[44] 蔡启舟,吴树森.铸造合金原理及熔炼[M].北京：化学工业出版社,2010.

[45] 王渠东,王俊,吕维洁.轻合金及其工程应用[M].北京：机械工业出版社,2015.

[46] 柳百成,黄天佑.材料铸造成形工程(上)[M]//中国材料工程大典：第18卷.北京：化学工业出版社,2006.